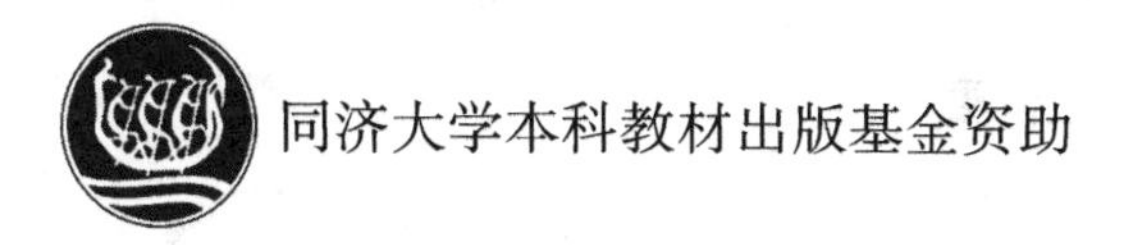
同济大学本科教材出版基金资助

残余应力

高玉魁 著

U0353168

同濟大學 出版社
TONGJI UNIVERSITY PRESS

内 容 提 要

本书是高等院校航空航天、力学、材料学和机械工程专业本科生的教材用书。全书共5章:第1章主要阐述残余应力的概念和主要来源;第2章介绍不同残余应力测试技术的基本原理及其工程应用,如纳米压痕技术、磁测技术、超声波技术、X射线衍射技术以及环芯检测技术等;第3章主要阐述科学研究和工程上常用的表面改性处理方法的基本原理,并结合工程实例对零部件残余应力场的调控效果进行评价,如超声冲击、喷丸处理和孔挤压;第4章主要从实验样品的准备、实验所需仪器设备、试验程序、残余应力的计算程序以及如何撰写实验报告等角度,讲述X射线衍射和钻孔法两种残余应力测试方法的具体流程;第5章残余应力的计算方法主要介绍解析方法、工程估算方法和数值计算的基本应用,在有限元模拟部分主要介绍了喷丸和激光冲击两种工艺的有限元模拟仿真和模拟结果分析,最后简单介绍了针对ABAQUS软件喷丸模拟的二次开发过程,可以让学生对基本表面处理方法的有限元模拟有初步的认识和了解。

本书适用于高等院校航空航天、力学、材料学和机械工程专业本科生,也可供冶金、机械、船舶、航空航天等领域从事残余应力测试与研究的相关技术人员参考。

图书在版编目(CIP)数据

残余应力 / 高玉魁著. -- 上海:同济大学出版社,2020.7

ISBN 978-7-5608-9280-1

Ⅰ.①残… Ⅱ.①高… Ⅲ.①残余应力-研究 Ⅳ.①O343

中国版本图书馆CIP数据核字(2020)第102585号

残余应力

高玉魁 著

责任编辑 马继兰 **责任校对** 徐春莲 **封面设计** 陈益平

出版发行 同济大学出版社 www.tongjipress.com.cn

(地址:上海市四平路1239号 邮编:200092 电话:021-65985622)

经 销 全国各地新华书店

印 刷 常熟市大宏印刷有限公司

开 本 787 mm×1092 mm 1/16

印 张 9

字 数 225 000

版 次 2020年7月第1版 2020年7月第1次印刷

书 号 ISBN 978-7-5608-9280-1

定 价 45.00元

前　　言

残余应力对构件的疲劳强度、应力腐蚀及形状精度等都具有重要影响，残余应力问题的重要性与广泛性已逐渐引起工程界的关注。目前，国内外已就这一问题做了大量的研究工作，但还缺乏系统性图书，特别是针对高等院校本科生教学方面的教材还比较欠缺。

中国制造已经从原来以形状、尺寸为主要目标的“控形制造”(Shape and Size Control)向以服役性能为导向的“控性制造”(Performance and Property Control)转变。“控性制造”主要是控制表面完整性，而残余应力则是表面完整性中重要的力学参数。

著者曾为本科生讲授“飞机疲劳与断裂”课程，为研究生讲授“飞机结构失效分析与预防”以及“航空零部件的定寿方法和延寿技术”课程，在这些课程中，残余应力都是影响航空航天零部件服役性能与造成结构失效的重要因素。因此，有必要撰写一本《残余应力》的教材，让本科生更进一步学习和掌握残余应力的基本知识，为后续课程的深入学习和工程应用奠定基础。

本书从残余应力的基本概念入手，首先阐述了残余应力的主要来源；其次对常用的残余应力测试表征方法、作用机制及其工程应用进行了分析，并在此基础上重点介绍了残余应力的调控技术和工程应用等内容，也针对本科生教学给出了 X 射线衍射和钻孔法两种方法的残余应力测试基本流程；最后从计算方法和数值模拟两方面对残余应力计算做了基本介绍，可以让学生对此领域有基本认识。通常人们总是认为残余应力是有害的，它会导致零部件的变形和开裂，本书结合航空领域和汽车领域的案例，从残余应力的调控方面阐述了残余应力也可以对零部件的使用性能起到有益作用，如：采用喷丸在零部件表层引入残余压应力来提高疲劳性能，通过孔挤压提高连接件的服役耐久性以及采用喷丸成形技术来制造飞机机翼等，这些都是残余应力工程的典型应用。

本书对高等院校航空航天、力学、材料学和机械工程等专业本科生具有重要的参考价值，在每章的结尾都给出了本章小结和相应的配套练习，帮助学生进一步巩固和灵活运用所学知识。

因著者的水平和能力有限，本书出版的主要目的是加强大家对残余应力重要性的认识和对高等院校本科生残余应力教学的重视。书中难免存在一些错误和不当之处，敬请读者批评指正。

目　　录

1　残余应力的基本概念和来源

1.1　基本概念

在很多实际问题中，残余应力对于零部件的使用安全性和服役耐久性具有重要的意义。无意中引入的残余拉应力对于疲劳抗力是有害的，而残余压应力则可显著提高疲劳性能。残余应力是指在没有外加载荷作用下，存在于结构、构件、厚板或薄板内部的残留应力。由于没有外加载荷作用，残余应力有时被称为第一类内应力。"残余应力"这一术语通常意味着残余应力分布常常引起材料内部的不均匀塑性变形。

残余拉应力和残余压应力总是同时产生的。图 1-1 是一种可能存在的残余应力分布形式。如果没有外加载荷，残余拉应力必须和残余压应力相平衡。更准确地说，由于没有外加载荷，残余应力分布必须满足平衡方程：

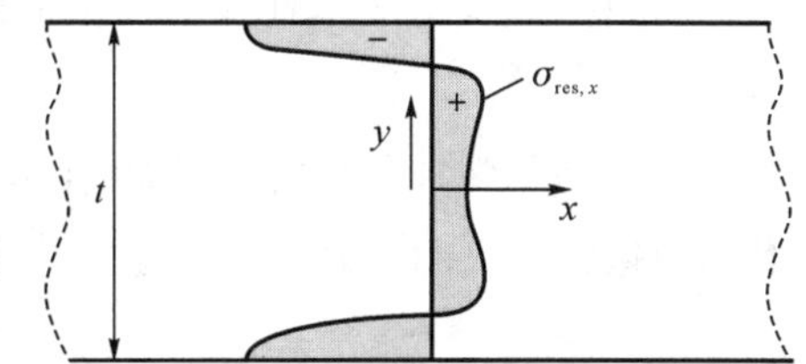

图 1-1　平衡状态下残余应力的分布

$$\int_{-\frac{t}{2}}^{\frac{t}{2}} \sigma_x \mathrm{d}y = 0 \tag{1-1}$$

同样，由于没有外加力矩，残余应力分布也必须满足以下方程：

$$\int_{-\frac{t}{2}}^{\frac{t}{2}} y\sigma_x \mathrm{d}y = 0 \tag{1-2}$$

施加于构件的外加载荷将引入与外加载荷和构件的形状相对应的应力分布。如果变形仍为弹性行为，则材料将对外加载荷引起的应力分布与残余应力分布之和作出响应。

$$\sigma = \sigma_{\text{externalload}} + \sigma_{\text{residual}} \tag{1-3}$$

当施加循环疲劳载荷时，材料的外加载荷 $\sigma_{\text{externalload}}$ 是包括某个应力幅值 (σ_a) 和平均应力 (σ_m) 的循环应力。但是残余应力 σ_{residual} 是永久性存在的，它不影响应力幅值，而只是改变平均应力：

$$\sigma_a = \sigma_{a,\ externalload} \tag{1-4a}$$

$$\sigma_m = \sigma_{m,\ externalload} + \sigma_{residual} \tag{1-4b}$$

如果局部残余应力为拉应力,将使平均应力 σ_m 增加(对疲劳不利);但如果残余应力为压缩应力,将降低平均应力 σ_m(对疲劳有利)。残余应力数值有时可能较大,因此对于较高的残余压缩应力,应力峰值 σ_{peak} 可能很低甚至为压缩应力。对于后者,微裂纹将难以扩展。因为残余应力不影响应力幅值,材料表面的循环滑移仍然是可能发生的,从而可能出现一些微裂纹形核,但是只要微裂纹在应力峰值 σ_{peak} 下无法展开,微裂纹将不会发生扩展。如果包含了残余压应力的应力峰值 σ_{peak} 为拉应力,微裂纹仍然可能扩展,但其扩展速率会因较低的应力峰值 σ_{peak} 而减小。

1.2 残余应力的来源

材料内的残余应力可能来源于不同的工艺过程。本节关注的主要内容有以下几个方面。

①不均匀塑性变形,很多情况下发生在缺口处;②加工工艺;③喷丸强化;④塑性胀孔(也称孔挤压强化);⑤热处理;⑥构件安装。

1.2.1 不均匀塑性变形

首先讨论一个简单的理论模型。在图 1-2 中,用刚度为无限大的夹具将 2 根长度不同的受拉伸棒的两端连在一起。如果外载荷作用在这个双棒系统,2 根棒的伸长量 Δl 将相同。因此对于短棒,由于其长度短,所以应变大。短棒由于应变 ε 较大,使得应力较大,

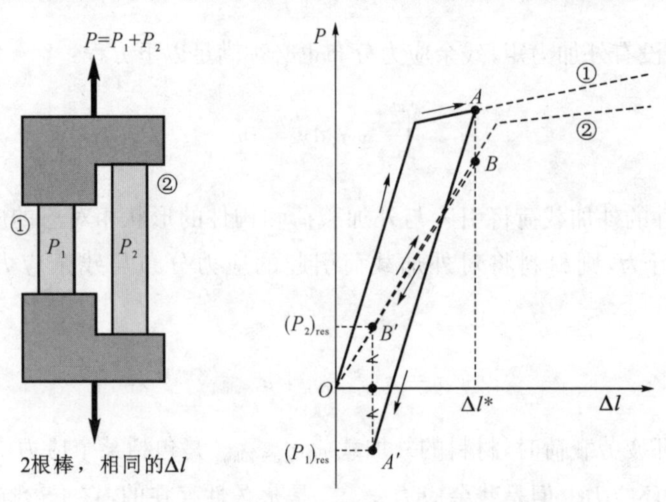

图 1-2 由于局部塑性变形引入残余应力的双棒系统

因此比长棒承受更大的载荷，如图 1-2 中的载荷-位移曲线（P-Δl）所示。棒①中有载荷集中，假设两个棒的性能相同，在棒②完全处于弹性时，棒①中可能已发生永久的塑性变形，图 1-2 中的 A 点和 B 点，此时 $\Delta l = \Delta l^*$。当反向卸载时，两根棒中均发生弹性卸载。由于完全卸载后 $P = 0$，两根棒的残余载荷之和也应为零，因此 $(P_1)_{res} = -(P_2)_{res}$，如图 1-2 所示。由于棒①塑性伸长，棒①比原来要长，因此当 $P = 0$ 时，棒①受压缩，棒②受拉伸。塑性变形的结果是在双棒系统的 1 根棒中引入了残余应力。

类似地，非均匀塑性变形也发生在受拉伸的带孔板条中，如图 1-3 所示。如果对试样施加高载荷，孔边的峰值应力 σ_{peak} 超过屈服极限，缺口根部将产生一个小的塑性变形区。由于塑性变形，使得 σ_{peak} 小于 $K_t\sigma_{nominal}$。应力分布的顶峰被局部塑性屈服削平，在塑性区发生了永久的塑性变形，塑性区被拉长，变得比原来大。在撤除板材的拉伸载荷后，即在卸载条件下，被拉长了的塑性区将受到压缩，由于周围弹性区对永久塑性变形的约束作用，此塑性区不再是无应力的状态。一个残余应力分布就这样被引入，缺口根部为残余压应力，在循环载荷作用下，此处是疲劳关键部位。残余压应力被远离缺口的残余拉应力所平衡。缺口根部的残余压应力对改善疲劳性能是十分有利的。一般来说，局部的塑性变形导致不均匀的残余应力分布，如图 1-3(b)所示。引入的残余应力可能很大，甚至接近压缩屈服应力水平。

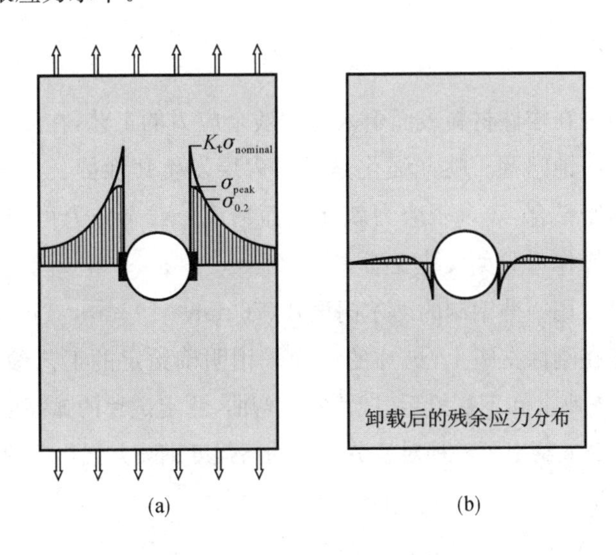

图 1-3 缺口根部的残余压应力

1.2.2 加工工艺

冷加工和机械加工是两种常见的加工工艺。冷加工时材料将发生塑性变形，从而在产品内部留下残余应力分布。一个简单的例子是塑性弯曲，如图 1-4(a)所示，材料外侧由于弯矩作用发生塑性变形。卸载后没有完全弹性恢复，在材料内部产生如图 1-4(b)所示的残余应力分布，残余应力分布应同时满足式(1-1)和式(1-2)。

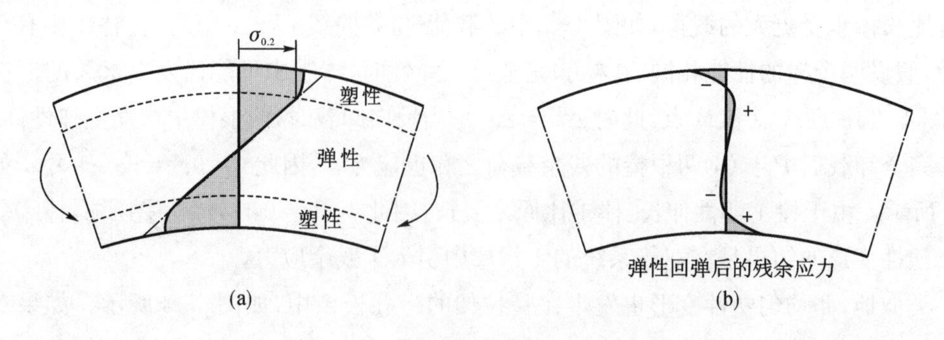

图 1-4　塑性弯曲引起残余应力

类似地，经过其他冷加工后也会引入残余应力。在很多情况下，锻压是热加工工艺，但也会留下残余应力；同样，厚板和薄板轧制也会引入残余应力。随后的矫直通常在常温下进行，最终产品中可能存在残余应力。

机械加工也能产生残余应力，这一点并不是总能被人们意识到。金属切削意味着去除材料表层，这包括在靠近切削工具尖端的材料破坏的过程，而材料在被破坏前要发生塑性变形。取决于加工条件（刀具的锋利程度、进给速率、切削深度等）和材料，在薄表层内的残余应力可能是很大的。

1.2.3　喷丸强化

喷丸强化是一种在构件材料表面引入有利残余应力的工艺，在多种实际应用中被用来预防疲劳或应力腐蚀问题。喷丸强化是材料表层发生塑性伸长。由于表层必须与内部基体材料保持紧密结合，残余压应力就在表面形成。残余应力可使构件发生翘曲，但有时采用对称喷丸操作可避免尺寸变形[1, 2]。

喷丸的强化可以用一种钢制的阿尔门试片（76 mm×19 mm，3 in×0.75 in）来检测。用螺栓把试片固定在刚性支座上，试片的一面采用明确给定的工艺参数进行喷丸，如图 1-5 所示。从固定支座上卸下螺栓后，试片发生弯曲，测定试片的弧高度，即给出了喷丸强度的直接标示。图 1-6 给出了一种对疲劳敏感的高强度钢喷丸强化后的残余应力分布。

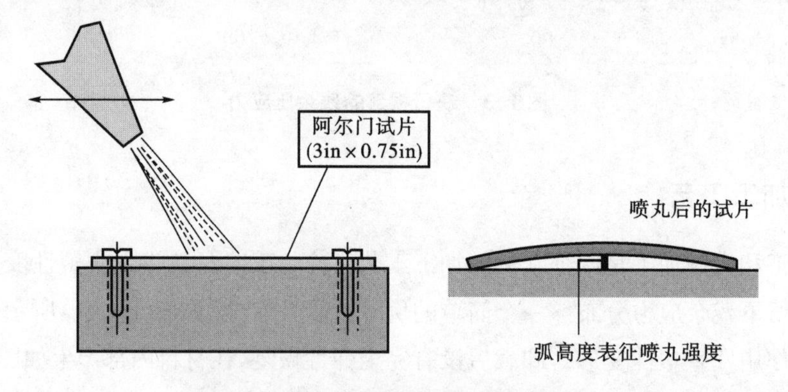

图 1-5　用阿尔门试片来测定喷丸强度

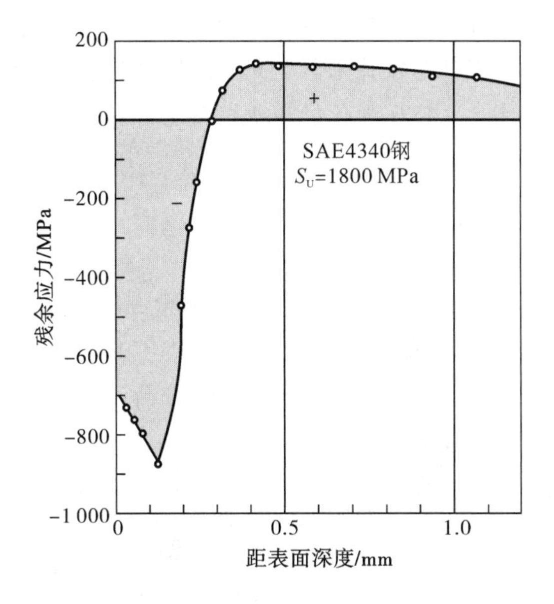

图 1-6 SAE4340 钢喷丸强化引入的残余应力场分布

表面滚压强化是另一种使材料表面发生塑性变形的工艺，它可以用来强化缺口根部的局部区域，如用来强化轴类部件常有的轴肩根部。滚压不会产生粗糙的表面。

1.2.4 塑性胀孔

塑性胀孔（孔挤压强化）技术被用于提高孔的疲劳抗力，并用于螺栓与铆钉连接接头的孔。先把孔钻得略小于设计尺寸（如直径小于设计尺寸的百分之几），然后用一个带锥度的芯棒从孔中拉过，使孔胀大，结果在孔周围产生塑性变形。由于塑性区沿着径向被向外挤出，于是在切线方向被拉长，使塑性区的直径比原来大，这意味着塑性区周围的弹性变形的材料将对塑性区施加压力，如图 1-7 所示，由此在孔周边引入了切向压应力。由于引入的残余应力可能很大，几乎可达到压缩屈服应力的量级，因此这种方法对于提

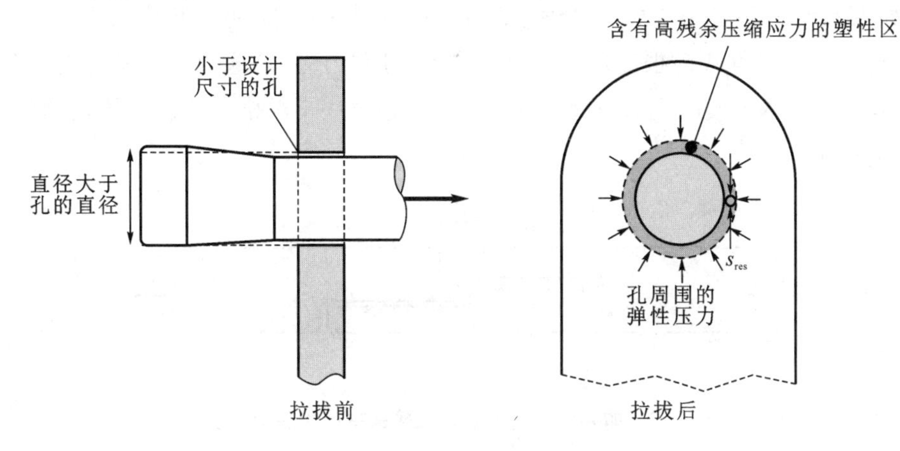

图 1-7 耳片的孔挤压强化

高疲劳抗力是很有效的。此外,塑性区的深度可以达到几毫米(与图 1-6 喷丸产生的较小的塑性区深度比较),可以通过铰孔来修正孔挤压后对孔的圆柱形状造成的小畸变,而铰孔几乎不降低残余应力。孔挤压强化的商业设备已得到了发展,能对疲劳产生很明显的有利影响。

1.2.5 热处理

淬火是用于各种材料合金的诸多热处理中的一个温度剧烈变化的步骤。通常在构件外表面很快冷却,而材料内部的冷却则慢很多,不均匀的冷却会引入热应力,外侧较快的热收缩引入的局部拉伸应力由内部的残余压应力平衡。在更高的温度下,屈服强度降低,塑性变形很容易产生,于是就引入了残余应力。对于图 1-8 所示的轴对称情况,本应该导致有利的情况,即外层的残余压应力与内部的残余拉应力平衡。但遗憾的是,很多构件的形状复杂,因此难以确定淬火后的残余应力分布。残余拉应力也可能产生于外侧,通过喷丸强化,可以使之减小甚至反向,即变为残余压应力。

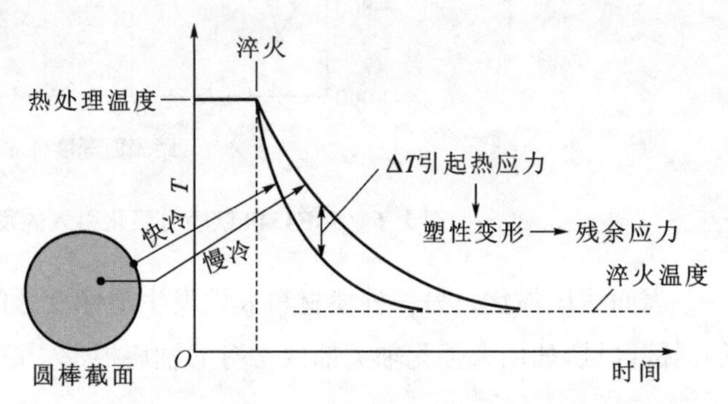

图 1-8 不同淬火冷却速率引起热应力,导致残余应力分布

1.2.6 构件安装

前面给出的实例都是由于不均匀塑性变形引入的残余应力。结构中还存在另一种完全不同的残余应力,它是由于把构件装配成一个整体结构而引入的。螺栓连接在很多情况下被使用,此时结构的残余应力取决于构件的尺寸公差。图 1-9 是一个非常简单的例子,如果 t_1 与 t_2 不是完全相等,当紧固螺栓时,错配将引起弯曲。最大内应力位于尚未受载的连接件的圆角 A 的根部,对于这种情况,采用"内应力"这个术语显得更适合。这些由结构装配引入的装配应力也称为安装应力。通过一个严格的公差系统,能够避免装配应力的产生。

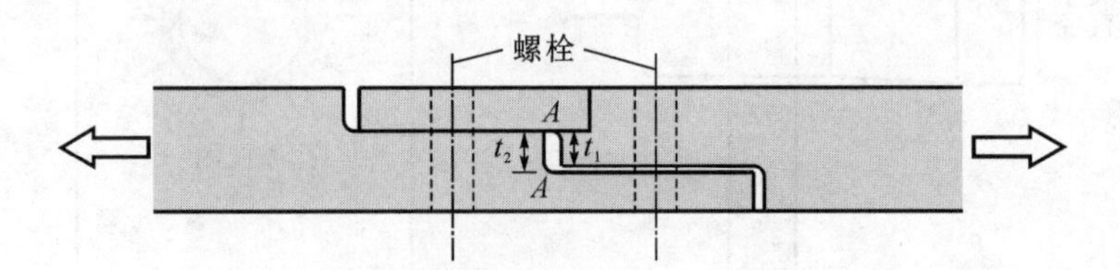

图 1-9 如果 $t_1 \neq t_2$,将在螺栓接头中产生装配应力

但在某些特殊情况下，装配应力可能是有利的。如利用干涉配合将衬套压入孔内以及预紧螺栓等都属于这种情况。

1.3 高载荷后缺口处残余应力的估算

由于应力集中，结构中的缺口部位有可能因服役载荷作用而引入残余应力。一般来说，这些应力对于裂纹形核、疲劳寿命、疲劳损伤等都很重要。如果发生塑性变形，缺口周围的残余应力的解析计算几乎是不可能的。这些计算可以采用有限元技术，尽管它们不能归入简单计算之列。我们可以通过一个基于诺依勃(Neuber)假设[3]的简单步骤，对 σ_{peak} 作出合理的估计。只要不发生塑性变形，所有的应变都与施加的载荷成正比，服从胡克定律，应力和应变分布的形状与载荷无关。但是只要缺口根部产生塑性区，二者分布的形状就将变化。缺口根部应力 (σ_{peak}) 低于弹性预测值，如图 1-10(a)所示，并且同一位置的应变 (ε_{peak}) 高于弹性预测值，如图 1-10(b)所示，可用式(1-5)表达。

$$\begin{cases}\sigma_{peak} < K_t\,\sigma_{norm}\\ \varepsilon_{peak} > K_t\,\varepsilon_{norm}\end{cases} \tag{1-5}$$

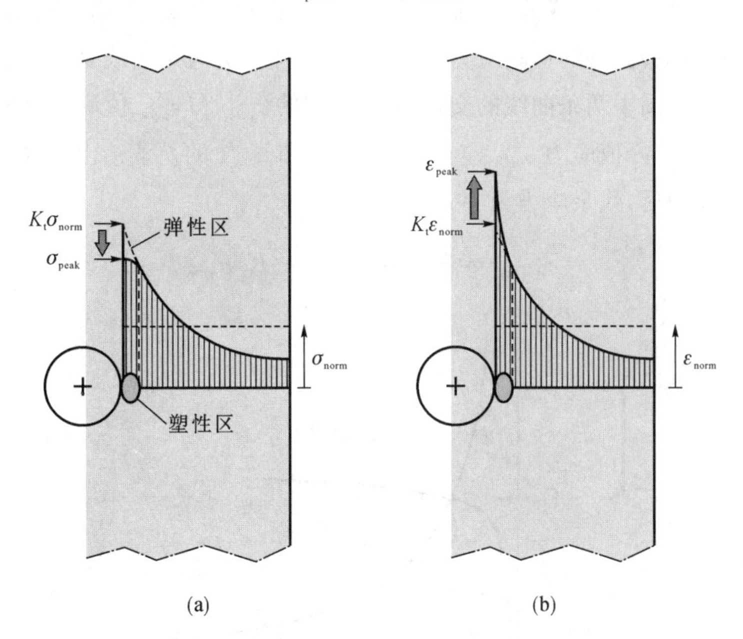

图 1-10 由于缺口根部塑性区导致的应力与应变分布的差异

缺口根部应力 (σ_{peak}) 低于弹性预测值这个事实，与另一个事实应变 ε_{peak} 高于弹性预测值是互相联系的。根据 Neuber 假设，它们的乘积 $\sigma_{peak}\,\varepsilon_{peak}$ 仍然符合弹性预测值[4]：

$$\sigma_{peak}\,\varepsilon_{peak} = K_t^2\,\sigma_{norm}\,\varepsilon_{norm} \tag{1-6}$$

这意味着，在二者的乘积中，小于预测的 σ_{peak} 被高于预测的 ε_{peak} 所补偿。定义塑性集中系数 K_σ 和 K_ε 为

$$\begin{cases} K_\sigma = \dfrac{\sigma_{peak}}{\sigma_{norm}(< K_t)} \\ K_\varepsilon = \dfrac{\varepsilon_{peak}}{\varepsilon_{norm}(> K_t)} \end{cases} \tag{1-7}$$

Neuber 假设就成为

$$K_\sigma K_\varepsilon = K_t^2 \tag{1-8}$$

Neuber 证明了，对于剪切载荷作用下的双曲线形缺口，他的假设是正确的。于是他假定，对于其他类型的缺口和载荷这个假设也将是近似正确的。这或多或少已经得到经验验证，前提是塑性区要小。

将 $\varepsilon_{norm} = \sigma_{norm}/E$ 代入式(1-6)，得到：

$$\sigma_{peak}\,\varepsilon_{peak} = \frac{(K_t\,\sigma_{norm})^2}{E} \tag{1-9}$$

对于给定的载荷和 K_t，式(1-9)右边是已知的常数值，因此该公式给出两个未知量(即σ_{peak} 和ε_{peak})之间的一个关系(双曲线)。为了确定 σ_{peak} 和 ε_{peak}，需要有第二个关系，为此采用了从拉伸试验获得的材料应力-应变曲线。有了这两条曲线，图解法就如图 1-11 所示的那样简单。图中两条曲线的交点 A 所对应的 σ_{peak} 和 ε_{peak} 值满足这两个关系。如果不产生塑性变形，峰值应力 σ_{peak} 应在 B 点。A 点和 B 点 的差值给出了峰值应力的下降量。弹性载荷卸载后，残余应力为

$$\sigma_{residual} = \sigma_A - \sigma_B = \sigma_A - K_t\,\sigma_{norm} \tag{1-10}$$

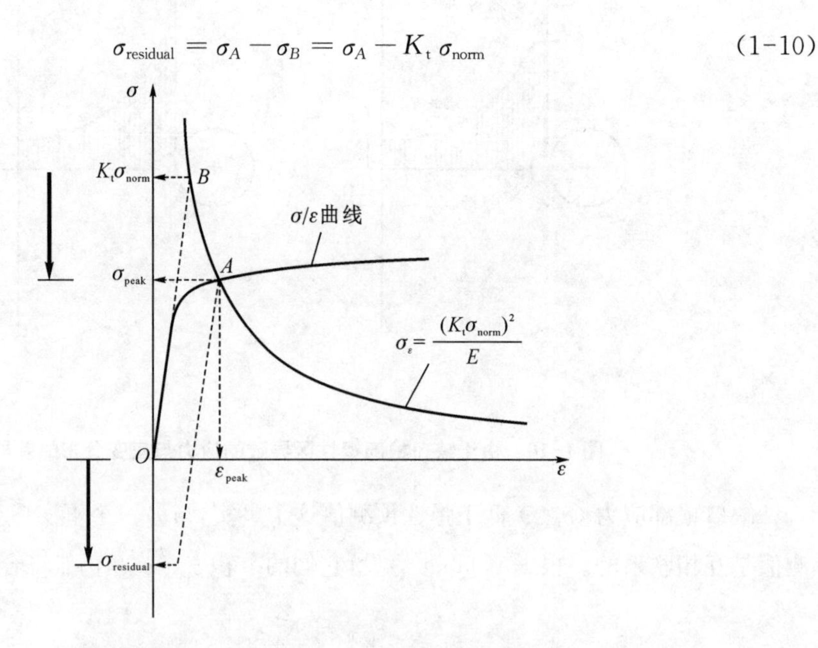

图 1-11　确定σ_{peak}和$\sigma_{residual}$的图解法

1.4 小结

在各种机械零部件的制造过程中，零件内部将产生残余应力。实际上，各种零部件加工时，构件内部不产生残余应力的情况是很少的。所产生的残余应力状态，特别是其应力值的大小，是随各种加工方法或处理方法而有差别的。机械加工如拉拔、挤压、轧制、矫正、切削、磨削、表面滚压、喷丸或锤击等，以及热加工的焊机、切割、铸造，还包括淬火、回火之类的热处理等，都会产生各不相同的残余应力，因此在加工时对残余应力必须给予足够的重视。

本章习题

1. 请简述残余应力的基本定义。
2. 请简述残余应力的平衡条件和平衡方程。
3. 请列举残余应力的主要来源及其产生原因。
4. 请简述高载荷后缺口处残余应力的估算方法。

参考文献

[1] Marsh K J. Shot peening: techniques and applications[M]. Engineering Materials Advisory Service Ltd. (United Kingdom), 1993: 320.

[2] Lessells J M, Brodrick R F. Shot-peening as protection of surface-damaged propeller-blade materials[C]//Proceedings of the International Conference on Fatigue of Metals, 1956: 10-14.

[3] Neuber H. Theory of stress concentration for shear-strained prismatical bodies with arbitrary nonlinear stress-strain law[J]. Journal of applied mechanics, 1961, 28(4): 544-550.

[4] Schijve J. Fatigue of structures and materials[M]. Springer Science & Business Media, 2001.

2　残余应力的测试原理及其应用

2.1　纳米压痕技术

纳米压痕可获得材料硬度和弹性模量的连续的载荷-位移关系曲线，可以在不分离涂层的情况下直接测试薄膜材料性能，并可从微观尺寸范围了解薄膜的纳米力学性能，避免了压痕边缘模糊、基体影响等传统硬度检测技术的种种缺点。纳米压痕仪在样品的质量检测、纳米薄膜的性能测试以及摩擦化学反应膜的监测评估等方面都得到了广泛的应用[1]。纳米压痕技术最早用于硬度的测量方面，一般采用一定形状的压头对材料施加一定载荷，保持载荷一段时间后进行卸载，通过计算材料表面的压痕面积，再根据所施加载荷与压痕面积或深度之间的关系得到材料的硬度。基于该原理的传统硬度测试方法主要有维氏硬度法(Vickers)、洛氏硬度法(Rockwell)和努氏硬度法(Knoop)等。

纳米压痕技术最早由 Oliver 等人提出，其相对于传统的压痕硬度测试法，不仅在测量尺度上有很大的突破，还大大拓宽了测试范围。纳米压痕技术不仅可以得到硬度和弹性模量，而且可以得到蠕变参数、残余应力、相变、位错运动等参量。目前基于纳米压痕试验来检测表面残余应力有两种方法：一种是基于残余应力对纳米压痕载荷-位移曲线的影响；另一种是基于断裂力学理论，对存在残余应力的试样进行压痕试验，通过测量其压痕夹角处的裂纹长度与无应力试样裂纹长度得到残余应力的大小和状态。第二种方法仅适用于脆性材料。

2.1.1　纳米压痕技术的基本原理

纳米压痕技术是在 Hertz 理论基础上形成的，测量得到的应力为接触附近区域的应力大小[2]。压痕过程分为加载和卸载两个阶段。加载时，压头压入样品表面，材料发生弹性和塑性变形。在卸载过程中，如果材料的弹性位移得到恢复，则可通过对卸载曲线分析得到材料的硬度及弹性性能[3,4]。图 2-1 为典型的载荷-位移曲线图，图 2-2 为压痕卸载后的各参数示意图。

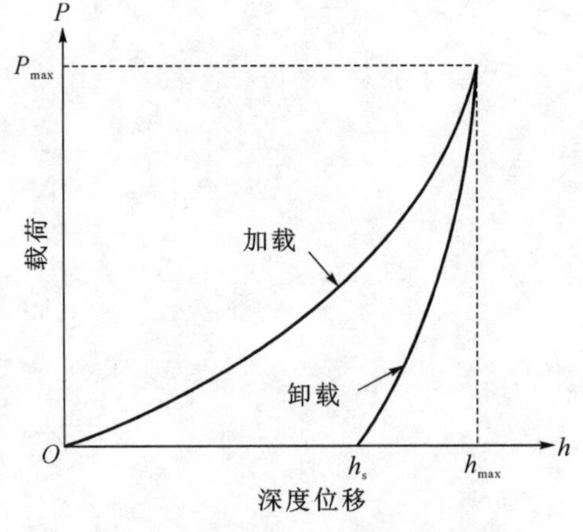

图 2-1　典型的载荷-位移曲线图[4]

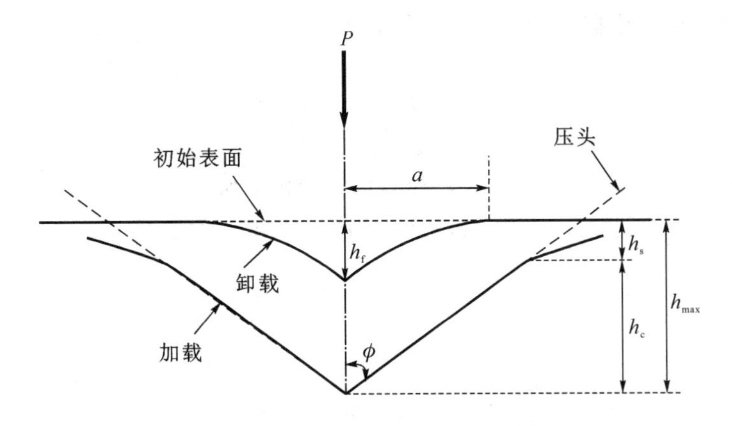

图 2-2 压痕试验材料卸载后的参数示意图[4]

目前，压痕仪可控制载荷发生连续变化，实现对压入深度的在线测量，加之纳米压痕过程中施加的是超低载荷，可以获得纳米级的压深，可对薄膜材料的力学性能进行测试。图 2-2 中 h_{max} 为最大压入深度，h_c 和 h_f 分别为最大接触深度和塑性深度，h_s 为材料表面接触周边的偏离高度，其中，h，h_f 可直接从载荷-位移曲线中直接得到，h_c，h_s 可通过式(2-1)和式(2-2)计算得到[5]。

接触深度 h_c 可由以下公式计算得出：

$$h_s = \varepsilon \frac{P_{max}}{S} \tag{2-1}$$

式中 ε ——与压头形状相关的参数，其中锥形压头 $\varepsilon = 0.72$；
h_s ——表面接触周边的偏离高度；
P_{max} ——最大压入载荷；
S ——材料的接触刚度。

$$h_c = h_{max} - h_s \tag{2-2}$$

式中，h_{max} 为压头压入的最大深度。

对载荷-位移曲线卸载部分进行拟合，建立卸载位移与载荷的关系[5]。

$$P = B(h - h_f)^m \tag{2-3}$$

式中 h_f—— 完全卸载后残留深度；
B，m ——可通过测试获得的拟合参数，对 Berkovich 压头，m 值介于 1.2～1.5 之间。

采用最小二乘法对载荷-位移曲线卸载曲线顶部 25%～50%的部分进行拟合，得到材料的弹性接触刚度[6,7]：

$$S = \left(\frac{\mathrm{d}P}{\mathrm{d}h}\right)_{h=h_{max}} = Bm\ (h_{max} - h_f)^{m-1} \tag{2-4}$$

压痕接触面积可根据经验公式计算得到[8]：

$$A = 24.56\, h_c^2 + \sum_{i=0}^{7} C_i\, h_c^{\frac{1}{2}} \tag{2-5}$$

式中，C_i 为常数，压头不同，其数值则不同，该值由试验确定。

纳米压痕硬度的计算方法主要是 Oliver-Pharr[9] 法。计算公式如下[10]：

$$H = \frac{P_{max}}{A} \tag{2-6}$$

式中 P_{max} ——最大压入载荷；

A ——有效接触面积。

因压头不是完全刚性体，Oliver-Pharr 提出复合响应模量参量，对材料弹性接触刚度 S 的计算公式改进如下：

$$E_r = \frac{\sqrt{\pi}}{2\beta} \frac{S}{\sqrt{A_c}} \tag{2-7}$$

$$\frac{1}{E_r} = \frac{1-\nu_s^2}{E_s} + \frac{1-\nu_i^2}{E_i} \tag{2-8}$$

式中 β ——数值与压头形状有关，对 Berkovich 压头来说，$\beta = 1.14$；

A_c ——压头的有效接触面积；

ν_i ——压头的泊松比；

ν_s ——被测材料的泊松比；

E_i ——压头材料的弹性模量；

E_s ——被测材料的弹性模量；

E_r ——通过试验求得复合响应模量。

2.1.2 纳米压痕技术的基本特点

表面工程中，薄膜和涂层材料的断裂失效源于高应力集中部位。薄膜和基体的热膨胀系数、硬度和弹性模量的比值越大，越容易产生残余应力和高应力集中区，加速薄膜与基体的剥离、断裂，为此，需要对残余应力进行研究[11,12]。采用纳米压痕和划痕实验研究残余应力作用下氮化硅(SiN)力学性能和薄膜的界面黏结能[12]。实验中减少残余压应力并增加残余拉应力，界面结合能从 1.8 J/m^2 下降到 1.5 J/m^2，发现残余压应力可以钝化裂纹，抑制裂纹的扩展，而拉应力则会促进裂纹的扩展。

赵翔[13]等用纳米冲击方法研究了半电池结构 NiO-YSZ/YSZ 不同位置的载荷-位移曲线和残余应力。膜基体系由制备温度冷却到室温时，考虑残余应力简单薄膜结构的屈服强度模型，热膨胀系数不同和变形程度不同而产生的应力为

$$\sigma_r = \frac{E(\alpha_1 - \alpha_2)\Delta T}{1-\nu} \tag{2-9}$$

式中　σ_r——残余应力；

E——薄膜的弹性模量；

α_1，α_2——薄膜和基体的热膨胀系数；

ΔT——室温和制备温度之差。

残余压痕形貌对比试验中，分别在无残余应力与有残余应力两种情况下得到压痕形貌，如图 2-3 所示。

由图 2-3 可以看出，有残余压应力的压痕最大深度达到了 213.7 nm，而无残余应力的压痕最大深度仅为 161.7 nm；每一次卸载后，有残余应力的压痕体积均较大。由此可知，纳米冲击的压痕形貌与膜基系统的残余应力有关。

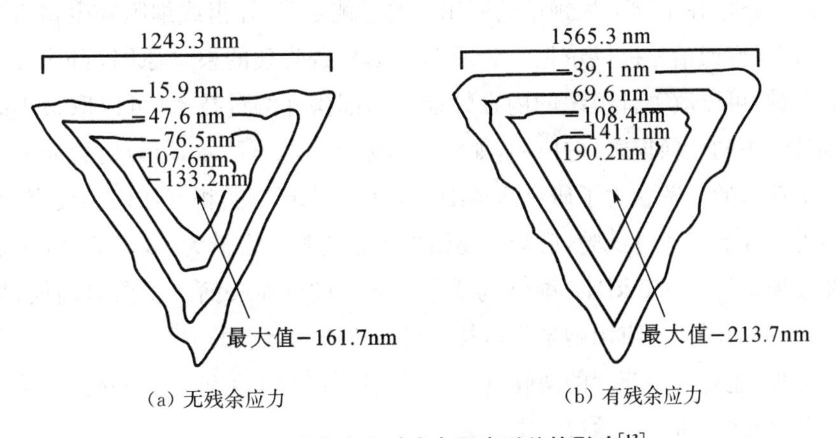

(a) 无残余应力　　(b) 有残余应力

图 2-3　残余应力对残余压痕形貌的影响[13]

纳米级动态载荷测试结束，为残余应力的研究提供了新手段[14，15]。纳米压痕法可以准确地获得复杂成分材料的应力常数、压痕实验中的压入载荷、压入深度和压痕体积等压痕参数，可以判断薄膜和基体有无残余应力存在。

2.1.3　纳米压痕技术的应用

1975 年，美国物理学家、诺贝尔物理学奖获得者费恩曼在其著名的演讲报告 *There's plenty of room at the bottom* 中首次提出了微机械的概念。随着微电子技术和微系统的发展，许多微小结构得到了实际应用。同时，材料在微小尺度下的力学性能也逐渐成为人们关注的对象，材料的微观力学性能研究也随之开展起来。在微电子技术、微机械和纳米摩擦学应用中，微构件的几何尺寸一般在微米级，而薄膜的厚度则往往是纳米级。在载荷的作用下，这些微小构件常常会表现出与宏观条件下不同的特性，因而引起了相关学者的极大关注，目前这一领域已成为科学前沿和研究热点。纳米压痕技术由于具有无损、可以在很小的局部范围测试材料的力学性能等优点，近 10 年来在材料的微观力学性能研究方面得到了广泛的应用，主要有以下几个方面：

1. 微机电系统(MEMS)

目前，微构件的几何尺寸大多以微米计，一些构件上的涂层或薄膜的厚度甚至以纳米计。这些微构件的力学性能，如弹性模量和微硬度，用以往常规的硬度测试手段是无法实现的。此外，材料的力学行为对微纳米尺度上的构件已不再适用，即存在通常所说的尺度效应。纳米压痕技术在 MEMS 领域的应用不仅可以利用原子力显微镜(AFM)和纳米硬度计直接测量微小构件的弹性模量和硬度，还可以测量固支梁或悬臂梁在载荷下的弯曲变形，如微杆件、微泵和微开关的膜片等。

2. 生物工程

纳米压痕技术在生物工程领域的应用主要是测定骨、牙齿或细胞等生物组织的力学性能，为病理研究或治疗提供依据。骨质疏松是导致骨裂的根本原因，目前常用的双磷疗法较为有效，可以改善骨组织的内在性能。局部探针测量技术(可以取很小的样品而不会造成骨组织的任何损害)的应用，如纳米压痕硬度测试技术，可以对骨质疏松症的治疗机理有更深入的了解。为了研究活体细胞与其周围环境的相互作用和反应，就必须了解细胞的力学性能。通过试验，已知生物活性细胞的弹性模量为 13～150 kPa，血小板红细胞的弹性模量为 1～50 kPa。酸性物质会在牙齿的釉质表面产生白斑病损，如不加以治疗，就会发展为龋齿。应用纳米压痕技术可以检查病灶点的力学强度并确定化学治疗的效果。此外，还有人对药片的微硬度进行了测试，以此来了解药片的脆性，从而有针对性地进行药品包装，避免运输过程中的破损。

3. 特殊材料研究

由于纳米压痕技术可以在很小的局部区域内用很微小的载荷测试材料的硬度和弹性模量，因此过去用传统硬度测试方法无法测量的一些特殊材料，它们的硬度测试就可以应用纳米压痕技术来完成，如超硬材料、脆性材料、多孔材料、复合材料和较软的有机高分子材料等。纳米压痕技术还可用于隐形眼镜镜片质量的控制与新产品的研发。

4. 摩擦学性能研究

材料的硬度决定了其耐磨性能。对于硅微器件，在工作时如何克服摩擦和减小磨损，提高有效服役寿命，是微机械能否可靠运行的关键。而有效的途径之一就是在构件表面制备薄膜或涂层。刀具和模具表面涂层的力学性能也与它们的使用寿命密切相关。在光学镜片表面镀上一层透明的 DLC 薄膜(其硬度可达 45 GPa)有利于提高其耐磨性。薄膜基体组合体系的综合力学性能是目前的研究热点，这里的薄膜厚度从十几纳米到几微米不等。为了确切得到薄膜的力学性能并排除基体的影响，纳米压痕试验中压头压入薄膜的深度一般不得超过膜厚的10%～20%，这是以往传统硬度试验所无法实现的。

2.2 磁测技术

2.2.1 磁测技术的基本原理

目前，残余应力的检测趋向于采用无破坏性方法。无损检测无论是精确度、便利性还是对原材料的保护都优于有损检测。磁测法是最近几年在业界应用和研究比较多的残余应力评估方法，相较于其他的检测方法，磁测法不存在辐射，探测深度可达毫米量级，适用于在线检测，具有检测速度快、非接触和无破坏的优点，特别是在铁磁材料的检测中更具有优势。

1. 磁测法的测试原理

目前，在我国应用的磁测法是一种无损检测的方法，它的基本原理是，基于铁磁性材料(如低碳钢等)的磁致伸缩效应，即铁磁性材料在磁化时会发生尺寸变化；反过来，铁磁体在应力作用下其磁化状态(导磁率和磁感应强度等)也会发生变化，因此通过测量磁性变化可以测定铁磁材料中的应力。当试样内存在残余应力时，也会使磁畴的移动和转向均受阻而使磁化率减小，这种现象称为磁弹性现象。铁磁性材料导磁率的相对变化量与应力之间存在下列线性关系：

$$\frac{\Delta\mu}{\mu_0} = \lambda_0 \mu_0 \sigma \tag{2-10}$$

式中 $\Delta\mu$—— 导磁率的变化量，$\Delta\mu = \mu_0 - \mu_\sigma$($\mu_\sigma$ 为材料有应力时减小的导磁率)；

λ_0 ——初始磁致伸缩系数；

μ_0 ——材料无应力状态时的导磁率；

σ ——应力。

式(2-10)说明导磁率的相对变化量与应力成正比。通过传感器和一定的电路将导磁率变化转换为电流量(或电压)的变化，建立应力和电流(电压)的变化，建立应力和电流(或电压)的函数关系，通过电量测量来确定内应力。应力和电流(或电压)之间不存在单值的函数关系。但是，平面应力状态，主应力方向输出的电流差和主应力差有单值的线性关系，其表达式如下：

$$I_1 - I_2 = \alpha(\sigma_1 - \sigma_2) \tag{2-11}$$

式中 σ_1，σ_2 ——最大主应力和最小主应力，MPa；

I_1，I_2 ——最大主应力和最小主应力方向电流输出值，mA；

α ——灵敏系数，mA/MPa。

根据式(2-12)确定主应力差值如下：

$$\sigma_1 - \sigma_2 = \frac{I_{90} - I_0}{\alpha \cos 2\theta} \tag{2-12}$$

式中 θ ——最大主应力方向与 x 轴的夹角；

I_0，I_{90} ——0°方向、90°方向电流输出值。

2. 灵敏系数的确定

灵敏系数 α 可通过单向拉压或四点弯曲试验确定。为消除边界对测量结果的影响，试样的宽度需大于 3 倍探头的尺寸，试件长宽比取值为 6 较适宜，标定试样，选择与被测材料同样的化学成分和同一热处理状况的无内应力材料制成，通过标定可得一系列数据。由式(2-11)可知这些数据满足线性关系，所以利用最小二乘法计算出直线的斜率即为灵敏系数 α，计算公式如下：

$$\alpha = \frac{\sum_{i=1}^{n} \Delta I_i \sum_{i=1}^{n} \Delta\sigma_i - n \sum_{i=1}^{n} (\Delta I_i \, \Delta\sigma_i)}{\left(\sum_{i=1}^{n} \Delta\sigma_i\right)^2 - n \sum_{i=1}^{n} \Delta\sigma_i^2} \tag{2-13}$$

式中 ΔI_i——i 点的电流差，mA；

$\Delta\sigma_i$——i 点的主应力差，MPa。

3. 主应力的确定

已知各测点的主应力差和主方向角，用切应力差法分离主应力。任一点 p 的主应力分量：

$$(\sigma_x)_p = (\sigma_x)_0 - \int_0^p \frac{\partial \tau_{xy}}{\partial y} \mathrm{d}x \tag{2-14}$$

$$(\sigma_y)_p = (\sigma_x)_p - (\sigma_1 - \sigma_2)_p \sin 2\theta_p \tag{2-15}$$

$$(\tau_{xy})_p = \frac{(\sigma_1 - \sigma_2)_p}{2} \sin 2\theta_p \tag{2-16}$$

式中，$(\sigma_x)_0$ 为原点已知应力值，对自由边界 $(\sigma_x)_0 = 0$。

计算时用增量代替微分，任一点 p 的主应力：

$$(\sigma_1)_y = \frac{(\sigma_x)_y - (\sigma_y)_y}{2} + \sqrt{\left[\frac{(\sigma_x)_y - (\sigma_y)_y}{2}\right]^2 + (\tau_{xy})^2} \tag{2-17}$$

$$(\sigma_2)_y = \frac{(\sigma_x)_y - (\sigma_y)_y}{2} + \sqrt{\left[\frac{(\sigma_x)_y - (\sigma_y)_x}{2}\right]^2 + (\tau_{xy})^2} \tag{2-18}$$

4. 金属磁记忆检测法

金属磁记忆检测最早由俄罗斯学者 Dubov A 于 1994 年提出[16]，随后在美国旧金山举行的第 50 届国际焊接学会上，报道了专题“金属应力集中区-金属微观变化-金属磁记忆技术”，在无损检测领域引起强烈反响。目前该方法已被俄罗斯、中国、德国等 29 个国家的相关企业采用并制定了相关的检测标准[17]。

通常，铁磁性材料在载荷的作用下会发生磁致伸缩效应的形变，引起磁畴位移，改变磁畴的自发磁化方向，以此增加磁弹性能来抵消载荷应力的增加，从而引起金属磁特性的不连续分布[18]。当这些载荷消失后，应力集中区的金属磁特性不连续分布且仍然存在的特性称为磁记忆效应。当铁磁材料处于地磁场或外加磁场中时，磁场正常穿过金属，其磁感线为平行的直线束。如图 2-4 所示，当金属受载荷作用时，其内部具有逆磁致伸缩效应的磁畴组织发生可逆或不可逆的重新取向。金属在应力集中区表面出现漏磁场 H_P，该漏磁场的法向分量 $H_P(y)$ 值为梯度状且过零点，切线分量 $H_P(x)$ 具有最大值。根据磁记忆效应，这种畸变在载荷消失后仍然存在。通过测量金属表面漏磁场 $H_P(y)$，便可检测出应力集中部位[19]。

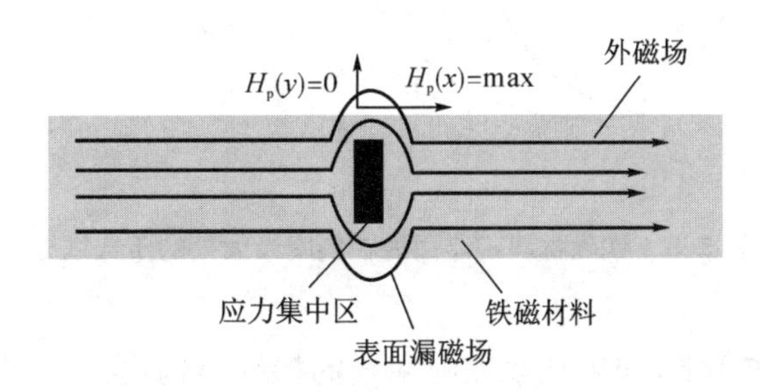

图2-4 铁磁材料在应力集中区作用下的磁场分布示意图

金属磁记忆检测基于自发磁化漏磁场，在不考虑结构变化的情况下获得应力状态，确定金属结构的缺陷和异质性，并可以识别弹性变形，确定金属滑动的平面以及疲劳裂纹发展的面积，实现构件或设备的早期诊断。该检测方法的主要特点是利用地磁场充当外磁场，不需要使用特殊的磁化装置，无须清除金属或待测设备的表面，检测速度快，检测仪器方便轻巧，便于携带和记录等[20,21]。基于这些特点，该方法已广泛用于高铁[22,23]、车辆轿壳[24]、油气管道[25]、高压容器[26]、飞机起落架等构件和设备的应力应变状态不均匀性检测，可以有效地评估焊接质量，预测设备的疲劳损坏情况和使用寿命。在实际应用中，可与常规检测方法相结合，提高检测效率并降低检测成本。

金属磁记忆检测是一种新型的无损检测方法，其适应性和相关机理仍处于不断研究和探讨之中。在机理方面，存在铁磁学的能量平衡理论和电磁学的电磁感应理论，尚未形成统一共识[27];金属磁记忆检测的是弱磁信号,如何克服周围环境的影响,实现精确评估是技术层面需要解决的问题[28,29];地磁场并不是一成不变的,也就是说磁记忆效应具有空间定向性[30];该方法还不能进行残余应力的定量化评价。目前在某些方面已经取得了较好的研究成果,例如,通过李萨如判定法对受载铁磁构件应力集中以及应力集中程度实施初步的定量化评价[31],为金属磁记忆检测的精准应用奠定了基础。

5. 巴克豪森噪声法

铁磁材料在外磁场的影响下会发生磁化,磁感应强度 B 会随着外加磁场强度 H 的增加而变大,当 H 增大到某一定值后,B 几乎不再变化,这时铁磁材料达到磁饱和状态。去掉外磁场后,由于 B 与 H 并不是线性关系,因此铁磁材料的磁化状态并不能恢复到以前的位置。如图 2-5 所示,当磁化在正负两个方向上往复变化时,会形成磁滞回线,这是铁磁性材料的固有特性。

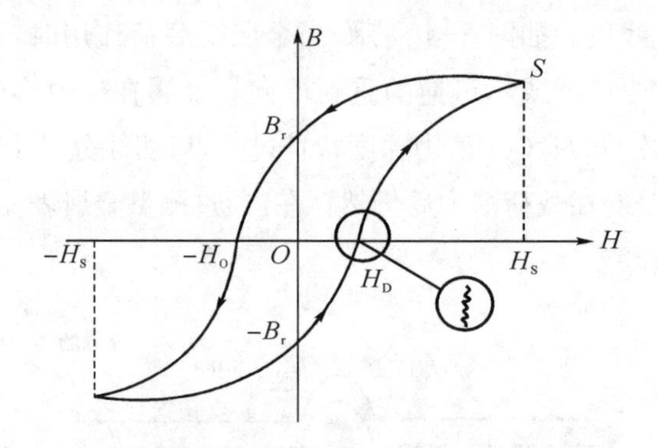

图 2-5　铁磁材料磁滞回线在斜率最大处的不连续分布

在交变磁场的作用下,如果观察磁滞回线的精细结构,会发现在磁滞回线的斜率最大处,曲线呈阶梯式抖动变化,即在铁磁材料被外磁场磁化时,置于材料上的线圈会以电压的形式产生一种噪声脉冲。该电压脉冲和噪声信号不仅与所施加的磁场强度、磁化量和磁化时间有密切联系,还与铁磁材料的微观结构有关[32]。通常,材料在应力状态下呈现磁各向异性,在外磁场磁化下,内部磁畴会发生偏转,畴壁位移需要克服材料内部存在的由不均匀应力、杂质、空穴等因素造成的多个势能垒,因而畴壁要进行非连续的、跳跃式的不可逆运动,紧挨着的磁畴之间会发生摩擦、挤压,引起机械震动,形成噪声,再加上铁磁材料的磁致伸缩效应,会在材料内部激起应力波,这种现象称为巴克豪森(Barkhausen)效应,是由巴克豪森于 1919 年[33]发现的,该噪声称为磁巴克豪森噪声(Magnetic Barkhausen Noise, MBN)。

正是由于铁磁材料内部的微观结构决定着其外在的磁性特征,而磁畴的畴壁位移受材料微观结构变化和表面应力情况的影响,因此通过测量外在的磁性特征即可感知材料内部微观结构的变化或应力状态。畴壁一般可分为 180°畴壁和 90°畴壁，180°畴壁的不可逆跳跃式产生的磁通变化较大，MBN 信号较强；90°畴壁的磁通变化小，MBN 信号小。当磁化方向与应力方向平行时，MBN 值随拉应力的增加而增加，随压应力的增加而减小。当磁化方向与应力方向垂直时，MBN 值随拉应力的增加而减小，随压应力的增大而增大，但增加幅度不大，因此可以根据有应力和无应力时巴克豪森信号的强弱对比来计算材料的残余应力状态[34, 35]。

巴克豪森信号具有一定的功率谱，在检测大部分材料时使用的检测频率可高达 250 kHz，信号在材料中传播透射时随深度呈指数形式衰减。该方法可测量的深度在 0.01～1.5 mm 之间，可检测铁磁材料的内部应力[36]、表面硬度[37]及显微组织含量，容易实现在线和瞬态检测，便于携带测量，拥有较好的探测灵敏度和可靠性[38]，相比于 X 射线测量残余应力，其检测深度和精确度都具有一定的优势。

MBN 检测技术主要用于检测焊接和热处理时的残余应力[39]、爆炸时的瞬间应力以及构件使用过程中的应力变化，评价材料表面和次表面的应力量值，判断材料微观裂纹和宏观裂纹的扩展，具有在线监测材料微观组织变化的能力[40]。

虽然该检测方法的机理比较成熟，但由于对应力与磁畴运动的微观机制尚未建立，而且实际应用中被检测构件的应力状态通常呈各向异性和非均匀性，因此绘制测量信号与应力之间的定标曲线十分困难。随着技术的发展以及测试定标手段的改进，包括二维 MBN 应力传感器研制、传感材料的改进、建立各种材料检测对比图，在此基础上建立工程应用标准是发展 MBN 的有效途径[41]。

6. 逆磁致伸缩效应各向异性法

材料所处的磁化状态随着其形状、大小等结构的变化而变化的现象称为铁磁材料的磁致伸缩效应。当铁磁材料处在压力、拉力和扭转力等外力状态下，材料的磁化强度发生变化的现象称为逆磁致伸缩效应。

对逆磁致伸缩效应各向异性检测研究结果表明，磁输出信号与应力-应变之间存在关系，依据试验数据从宏观角度给出磁信号输出与残余应力-应变的定量关系，证明了逆磁致伸缩效应检测残余应力的可行性[42]，得到通过逆磁致伸缩效应各向异性法检测残余应力的方法：处于外力状态下的材料产生各向异性，应力的变化引起磁阻和磁导率的变化，导致传感器线圈中的磁通变化，通过测量线圈中的感应电动势的变化来检测残余应力[43]。其整体变换过程为

$$F \rightarrow \Delta\sigma \rightarrow \Delta\mu \rightarrow \Delta\sigma_{\mathrm{m}} \rightarrow \Delta V$$

式中 F ——残余应力，N；

$\Delta\sigma$ ——应力变化量，MPa；

$\Delta\mu$ ——铁磁材料磁导率的变化量，H/m；

$\Delta\sigma_m$ ——磁路中磁阻的变化量,1/H;

ΔV ——传感器输出电压的变化量,V。

相比于其他无损检测残余应力的方法,逆磁致伸缩效应法检测不需要耦合剂,既可以与被测材料接触,也可以不接触,可以对处于高温、高速环境下的材料进行检测。在工程应用中,一般用于钢板内应力在线监测,具有快速、可靠、安全、准确的优势,是在生产制造中获得预期产品内部质量的保证方法、判断钢板服役期间故障隐患的重要手段,在实际应用中具有较好的发展前景[44]。

虽然逆磁致伸缩效应各向异性法检测残余应力的思想很早就被提出来,但进展比较缓慢,主要原因有[45]:对铁磁材料的磁本质没有一个完全的解释,无法从微观角度提供严谨的理论依据;任何一种型号的钢均有一定的波动性,任何一种工艺都不可能使材料各处性能与组织都完全一致,致使检测信号除残余应力状态外,还有可能反映材料的硬度及微小缺陷,测量结果具有随机性;受趋肤效应的影响,只适合检测材料表面和近表面的残余应力,并且受干扰的因素较多,难以判断应力集中部位的形状和大小。随着各种系统的自动化和复杂化,逆磁致伸缩效应各向异性法检测残余应力将面临更大的挑战,对检测信号的精确度、可靠性和响应度提出越来越高的要求,检测方式需向微型化、智能化、数字化、网络化和虚拟化的方向发展,实现可持续在线监测。

2.2.2 磁测技术的基本特点

磁测法与其他无损检测方法相比,具有如下特点:

(1) 测量速度快、探测深度大(可达数毫米)、无辐射危险等。

(2) 仅适用于铁磁性材料,对材料结构等因素也比较敏感,易影响测试结果的准确性,且每次测试都需要事先标定。

(3) 磁测法的应用主要是针对大型构件的残余应力测试,由于对材质比较敏感,容易影响测试结果的准确性。

(4) 磁测法可对使用中的构件进行实时实地安全测量。

2.2.3 磁测技术的应用

在大跨径钢结构桥梁中,由于构件受力大,采用厚钢板的情形越来越多,此外构件与构件间的连接接头以及重要节点的节点板也由于其传力大,越来越趋于采用厚钢板,因而桥梁结构中的连接焊缝复杂,焊接完成后在焊缝区域和热影响区产生的焊接残余应力问题越来越突出。结构构件在制造过程中留下的残余应力是产生变形和开裂等工艺缺陷的主要原因,将直接影响到焊接构件的疲劳强度、结构的刚度和稳定承载力[46,47]。因此,在钢结构桥梁的构件制作和现场安装过程中,残余应力的大小、性质及分布情况是设计者、制造者和使用者共同关心的问题,准确测定出构件的残余应力显得十分重要。及时对焊接完成后的焊缝进行应力检测,了解焊接残余应力的大小及分布规律,一方面可为后续的消除残余应力技术方案提供可靠的科学数据;另一方面,对消除残余应力工艺后的焊缝进行应力检测,可掌握焊缝应力重分布情况,明确处理后的效果,对提高焊缝的疲劳强度、保证构件的制作质量、满足结构的受力安全有着重要的意义。

在钢结构桥梁的焊缝中,测试残余应力的目的是了解焊接残余应力的大小、分布状况,为后续将开展的减小和消除残余应力工艺及技术方案提供依据,并且在减小和消除残余应力工艺处理后,再次进行测试,以了解焊接残余应力重新分布的情况,评定工艺处理的效果,确认是否满足结构受力要求。

重庆江津观音岩长江大桥为大跨径钢结构斜拉桥,其主桥跨径组合为 35.5 m+186 m+436 m+186 m+35.5 m,主桥长 879 m。斜拉索在钢梁上的锚固采用了锚拉板结构形式(图 2-6)。锚拉板焊接于主梁上翼缘顶板,锚管嵌于锚拉板上部的中间,两侧用焊缝与锚拉板连接,中部除开孔安装锚具外,尚需连接上下两部分。为了补偿开孔部分对锚拉板截面的削弱,以及增强其横向的刚度,在板的两侧焊接了加强板,并和主梁上翼缘板连接,各板件厚度情况见表 2-1,钢材采用 Q370qE。这种锚固方式有传力途径明确,构造简单,工地施工作业方便等特点。

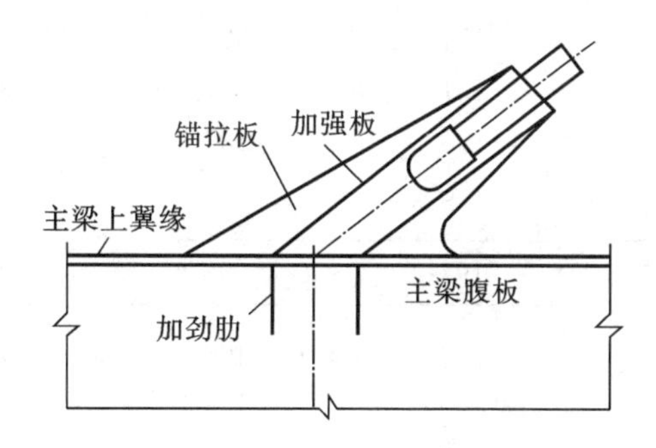

图 2-6 锚拉板与主梁连接件

表 2-1 试件主要板件厚度

构件号	测试焊缝相关板件/mm		
	锚拉板	加强板	主梁上翼缘板
CJ1, CJ3	60	40	50
CJ2	50	30	50

为研究此类构件接头区域焊接残余应力的大小及分布情况,专门制作了 3 个足尺比例试验构件,通过对这 3 个试件的钢锚拉板与工字梁连接区域焊缝残余应力测试,以及超声波冲击后焊接残余应力变化情况的试验研究,以确定焊后残余应力的大小及分布规律,并明确超声波冲击方法对焊接残余应力消除的作用及效果。

众所周知,焊接应力是一种无荷载作用下的内应力,因此会在焊件内部自相平衡,在焊缝及热影响区产生拉应力,而在距焊缝稍远区段的母材内产生与之相平衡的残余压应力。焊缝的拉应力对焊缝的疲劳将产生非常不利的影响,这也是本书研究的对象,而残余压应力对焊缝没有不利的影响,此次测试以焊缝的残余拉应力为主要对象。测试采用了磁测法。3 个试件编号分别为 CJ1, CJ2 和 CJ3。

3 个研究试件中共设 43 个焊接应力测试点,其中 A 焊缝为锚拉板与钢主梁上翼缘的连接焊缝,相应在构件上的测点编号为 A1, A2, …, A10。B 焊缝为锚拉板与其加强板之间的连接焊缝,相应的测点编号为 B1, B2, …, B7。焊后应力测试结果分别如表 2-2 和表 2-3 所示。

表 2-2　A 焊缝测点应力

试件	测点	σ_x /MPa	σ_y /MPa	σ_1 /MPa	σ_2 /MPa
CJ1	A1	113	163	163	113
	A2	176	373	399	150
	A3	164	314	316	162
	A4	238	322	359	201
	A5	182	337	398	121
	A6	271	376	379	268
	A7	174	321	323	172
	A8	161	331	339	153
	A9	175	338	378	135
	A10	210	366	380	196
平台段平均值		197	338	359	176
CJ2	A1	−9	100	134	−43
	A2	109	148	156	101
	A3	103	269	277	95
	A4	205	355	359	201
	A5	184	325	336	201
	A6	244	342	391	195
	A7	196	373	385	184
平台段平均值		207	349	368	188
CJ3	A1	136	241	250	127
	A2	179	342	351	170
	A3	262	351	390	223
	A4	199	316	319	196
	A5	278	369	373	274
	A6	184	351	403	132
	A7	149	207	210	146
	A8	153	286	293	146
平台段平均值		231	347	371	206

表 2-3　　B 焊缝测点应力

试件	测点	σ_x /MPa	σ_y /MPa	σ_1 /MPa	σ_2 /MPa
CJ1	B1	71	145	145	71
	B2	111	286	347	50
	B3	125	283	297	111
	B4	167	297	302	162
	B5	147	279	291	135
	B6	181	312	348	145
	B7	139	263	267	135
平台段平均值		145	287	309	123
CJ2	B1	30	145	146	29
	B2	126	272	272	126
	B3	193	283	284	192
	B4	187	296	301	182
	B5	124	246	246	124
平台段平均值		168	275	277	166
CJ3	B1	−38	149	163	−52
	B2	91	203	228	66
	B3	111	247	277	81
	B4	174	273	273	174
	B5	169	284	300	152
	B6	199	289	324	164
平台段平均值		181	282	299	163

表 2-2 和表 2-3 分别为各构件 A 焊缝和 B 焊缝的焊后测点应力，其中，σ_x 为垂直焊缝方向应力；σ_y 为平行焊缝方向应力；σ_1 与σ_2 为主应力。从焊接残余应力测试结果中可以看出，横向应力σ_x 与主应力σ_2、纵向应力σ_y 与主应力σ_1 在大多数测点上较为接近，若只考虑平面应力，则纵向应力、横向应力的方向就近似为主应力的方向。图 2-7 和图 2-8 分别为 A、B 焊缝的纵向残余应力分布情况。

从图 2-7 中可以看出，各试件的 A 焊缝在端部处的残余应力值较小，之后便大幅增加，在距离焊缝端部 400～450 mm 后的焊接应力值波动较小，基本稳定在较高的应力水平上，形成了一个高残余应力平台段。如试件 CJ1 的 A3～A10 段、CJ2 的 A4～A7 段及 CJ3 的 A3～A6 段。3 个试件的平台段纵向焊接残余应力平均值分别为 338 MPa，349 MPa，347 MPa，均达到了 Q370qE 钢材屈服强度的 90%以上。平台段的长度是随着焊缝的长度同步增长的，而残余应力上升段根据不同的板厚在达到一定数值后将不再继续增长。因此，A 焊缝除去两端部小部分的焊接应力较小段和上升段外，大部分区段的纵向残余应力都处于屈服强度的 90%左右的水平，这将对焊接接头性能与构件的疲劳强度产生较大的不利影响。

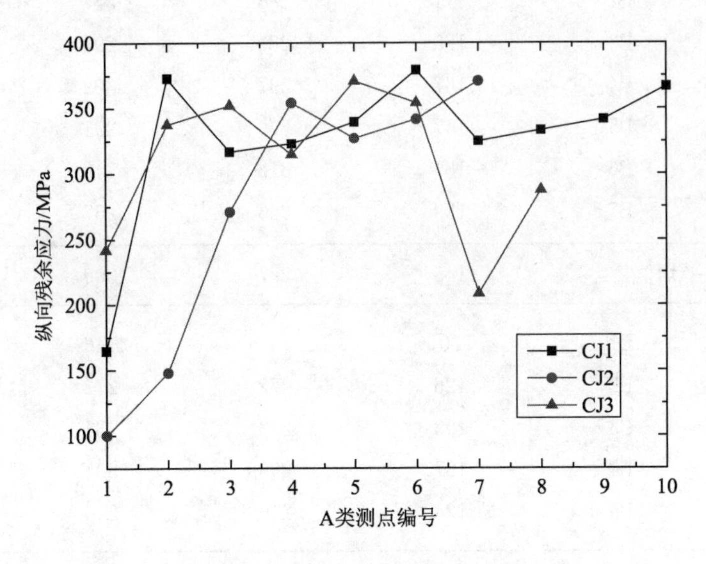

图 2-7 A 焊缝纵向残余应力分布

B 焊缝的纵向残余应力分布与焊缝有同样的规律，但焊接残余应力水平较 A 焊缝有明显的降低。这是因为连接 B 焊缝的两块钢板较 A 焊缝的薄。3 个试件的焊缝的残余应力升高段距焊缝端部 250～300 mm，在距端部 300 mm 后形成高残余应力平台段，比 A 焊缝平台段纵向残余应力平均降低了 18%，如图 2-8 所示。

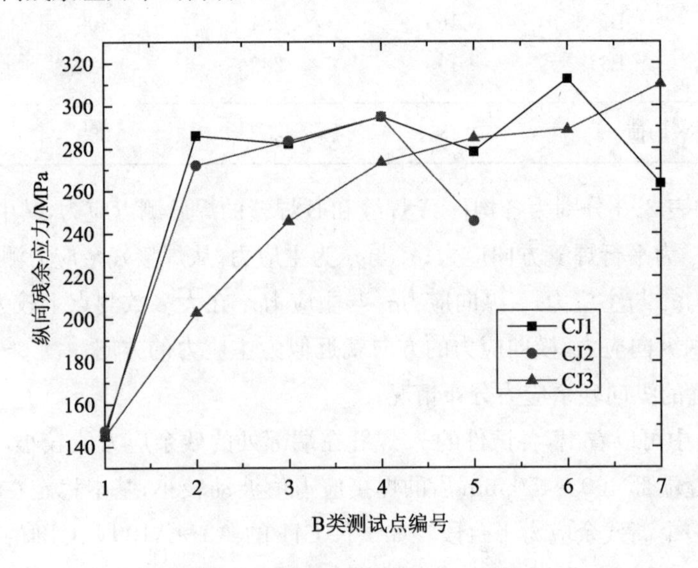

图 2-8 B 焊缝纵向残余应力分布

除了焊缝的分布特点外，节点的局部构造情况对焊缝应力也有明显的影响。在试件主梁上翼缘与锚拉板局部连接处，是截面突变的地方，也是内力变化最大的地方，最容易产生应力集中，由于设计在构造上比较周全的考虑，锚拉板截面在这里做了曲线形的平滑过渡，大大地降低了应力集中的影响。图 2-7 中的 3 个试件 A1 点的平均应力为 168 MPa，是前述 3 个试件平台段平均应力的 48.7%，说明锚拉板在这里的局部构造非常重要，曲线形的平滑过渡对降低焊接残余应力起到很重要的作用。

2.3 超声波技术

2.3.1 超声波测量残余应力的基本原理

激光超声作为一种新兴的多学科交叉的超声无损检测技术诞生于 20 世纪 60 年代，在国内外对其进行了广泛研究。相对于传统超声检测技术，激光超声具有较高的时间分辨率和空间分辨率，具有非接触检测，产生的超声波波形丰富、频带宽等优点。激光超声研究的是利用激光来激发和检测超声，并利用超声的传播特性进行材料参数及结构特征等信息的反演。对脉冲激光进行时间和空间上的调制，可激发出不同带宽、多种模式的超声信号。根据脉冲激光功率密度的大小，其激发机制主要有热弹激发机理和烧蚀激发机理两种[48-51]。

如图 2-9 所示，当激光照射到工件上，由于表面吸收了激光的能量，温度将会迅速上升，但是功率密度还没有达到材料的损伤阈值，只相当于在材料表面有个热源。由于金属表面为自由状态分布，同时材料内部晶格的动能也有所增加，但还在一定的弹性限度之内，这种激励方式为热弹机制[52,53]。在热弹机制下，超声信号幅值随着入射的脉冲激光能量增大而增大，同时激光能量较低，不会损伤待测工件表面，属于真正的无损检测技术。为了提高热弹机制下的激发效率，通常采用光源调制技术对激光进行调制，而且对待测工件表面进行处理。

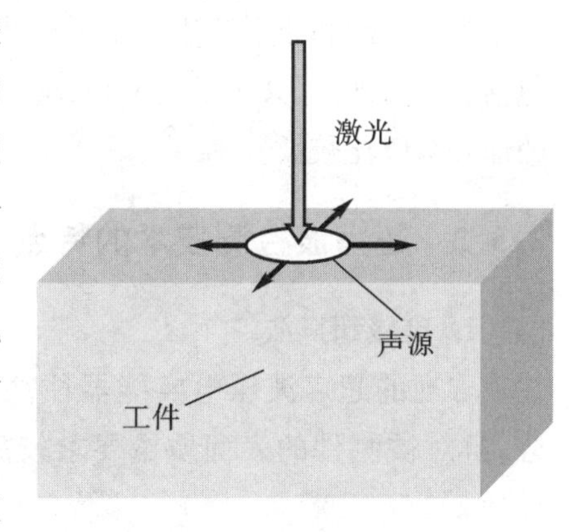

图 2-9 热弹机制示意图

如图 2-10 所示，当功率密度增大，达到工件损伤阈值时，材料表面开始逐渐融化、汽化，以等离子体的形式从材料表面离开，产生一种与材料表面垂直的作用力，从而产生应力波（超声波），这种机制称为烧蚀机制[54,55]。烧蚀机制下激发效率较高，可以获得较大幅值并获得容易检测的超声信号，但是过大的能量会导致待测工件表面损伤，不是真正意义上的无损检测。

激光超声激励技术的关键在于合理选择激励激光器和光学调制方法来改善超声信号特征，提高超声波激发效率，产生波形丰富的超声信号。

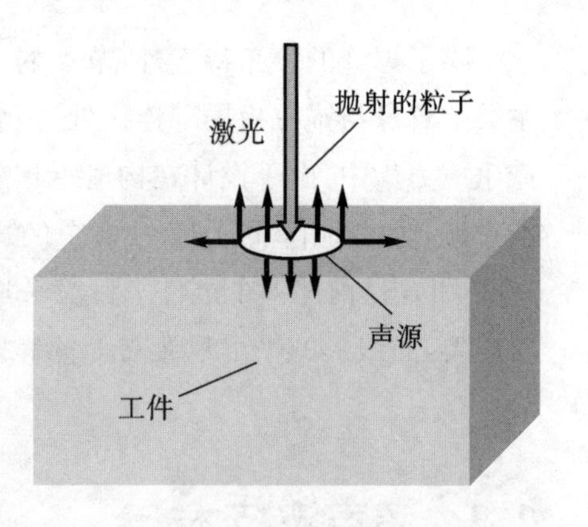

图 2-10　烧蚀机制示意图

对激光器分类，按照工作物质可分为：气体激光器、固体激光器、液体激光器、化学激光器和半导体激光器等；按工作方式可分为连续激光器与脉冲激光器。其中由于 Nd：YAG（掺钕钇铝石榴石）脉冲激光器具有较高的激发效率和光电转换效率，所以成为激光超声领域最常用的激光光源。

由于光学调制方法中的时间调制方法不仅成本高昂而且过程复杂，所以一般采用空间调制方法对脉冲激光进行调制。空间调制方法比较简单，将激光束通过柱面透镜聚焦形成线源激光，也可以通过透镜组聚焦形成点源激光来达到改善超声信号特征的目的。

由于激光超声信号产生的波形复杂，在固体中传播能量衰减快并且信号幅值微弱，因此激光超声信号的检测技术需要具备宽频带、高分辨率的特点。

目前，激光超声的检测技术主要有接触式检测和非接触式检测两大类。接触式检测一般采用换能器来接收超声信号，如压电超声换能器、电磁超声换能器等，通过耦合剂与样品接触，可以获得较高的信号幅值。非接触式方法一般采用光学方法接收超声信号，可分为干涉法和非干涉法。非干涉法包括光偏转检测法、表面栅格衍射检测法，干涉法包括速度干涉法、共焦 Fabry-Perot 干涉法、外差干涉法等，但是非接触式方法一般获得的信号幅值比较低。

2.3.2　超声波检测技术的特点

1. 电磁超声法

常规的超声波压电换能器往往需要耦合剂才能实现与被测部件之间的良好耦合，且对被测件的表面质量要求较高，因而难以适用于高温、高速和粗糙表面的测量环境。

电磁声换能器（EMAT）是一种在金属表面不需要任何机械（液体）耦合就能产生体纵波、横波、Rayleigh 波、Lamb 波和表面波的超声换能器。由于不需要任何液体耦合，EMAT 可以在高温和高速扫描情况下工作。EMAT 的特性很容易在另一个换能器上重复实现，所以可以用于制作标准换能器。另外，它可以很容易产生一般压电换能器很难激发的 SH 波。横波和纵波的角度可以通过控制频率来控制。EMAT 的缺点是插入损失比普通的压电换能器大得多，所以在激发和接收时必须调整阻抗。因为产生超声波是一个电流控制的操作，所以不同的 EMAT 需要不同的驱动电路，而且也不能用于非金属材料的测量[54]。

2. 激光超声法

激光超声是利用激光束产生和测量超声波,并开展超声波传播研究和材料特性无损评价的新兴学科。与传统的压电换能器技术相比,激光超声最主要的优点也是非接触测量,它消除了压电换能器技术中的耦合剂的影响,可用于各种较复杂形貌试样的特性测量。加上它又是一种宽带的测量技术,并能利用光波波长作为测量标准而精确测量超声位移。因此,利用激光超声技术测量应力是一种极有应用前景的无损测量新技术。近年来,激光超声技术在应力测量方面得到了很大的发展,是一种极具潜力的应力测量技术之一[55-57]。

2.3.3 超声波检测技术的应用

目前,超声波检测对于平面应力场的研究大部分基于单向应力状态,少有考虑双向应力共同作用的情况[58,59]。对于金属材料实际状态存在复杂应力场的情况,若使用单轴应力状态下的应力系数,会使测量结果有偏差。为了正确地测量材料表面的应力分布,本研究采用航天结构常用的5A06铝合金作为被测材料,分别对单向和双向应力状态下的铝合金试件采用临界折射纵波法进行测试,得到单向和双向应力曲线,确定单向、双向应力状态下的应力系数。对比分析结果表明,单向加载条件和双向加载条件下的应力系数及应力数值存在差异。研究结果可为实际生产过程中的航天器铝合金残余应力的精确评估提供参考。

试验采用的LCR波残余应力检测系统框图如图2-11所示,共有6大模块。测量系统实物图如图2-12所示,探头频率为5 MHz。双向加载采用平面双轴疲劳试验机(图2-13),极限拉伸载荷为250 kN。

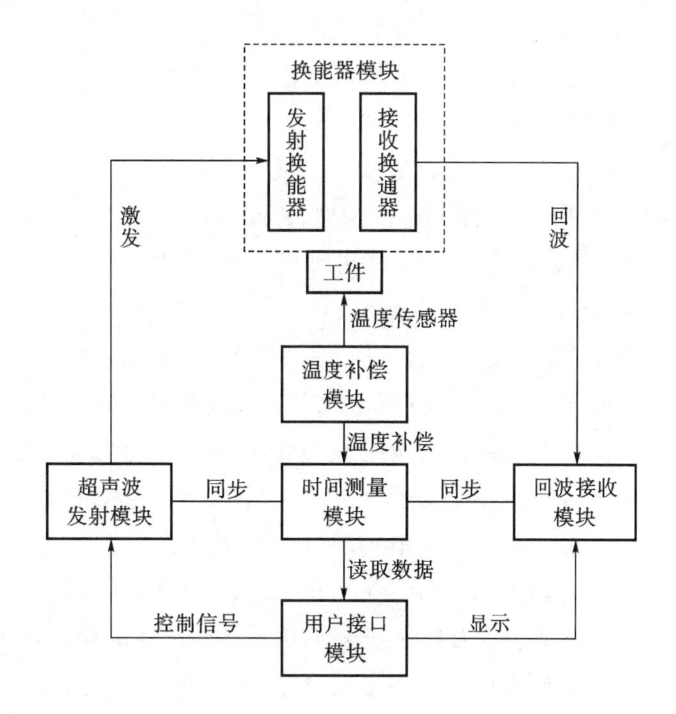

图2-11 LCR波残余应力检测系统框图

图 2-12　超声波检测系统实物图

图 2-13　平面双轴疲劳试验机实物图

为了更真实地标定应力系数，验证在标定应力系数过程中，与超声波传播方向垂直的应力是否对应力系数会有影响，设计可双向夹持的十字形双向加载试件。选择航天器常用的 5A06 铝合金材料，加工要求：平面度≤0.03、表面粗糙度≤6.4 μm。为避免夹持端应力集中，试件 4 个夹持端之间用圆弧过渡连接。拟定试件中部 200 mm×200 mm 的区域为 LCR 波应力测量区。为了在弹性变形范围内获得尽可能高的加载应力，对该区域的厚度进行减薄处理，并在试件中心打孔。将 LCR 波换能器放置在中心圆孔和减薄区边缘的中间位置，即距离圆孔中心 50 mm 处。试件的几何尺寸如图 2-14 所示。

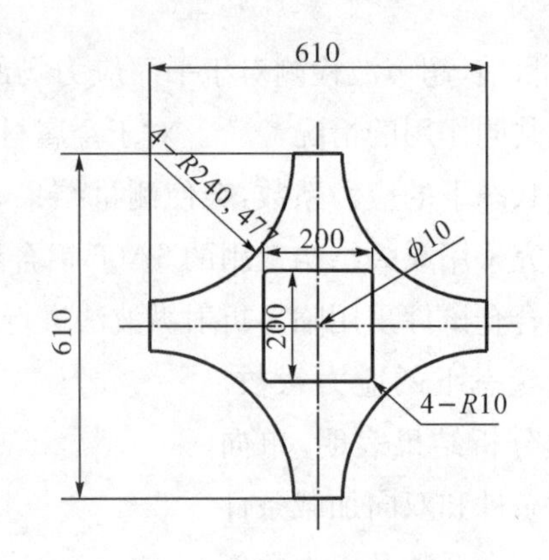

图 2-14　双向拉伸试样尺寸图（单位：mm）

为验证试样设计的合理性，对试样受力情况进行仿真分析。分别采用壳单元和实体单元建模，得到厚度为 4 mm 的实体单元建模应力分布图和法向应力分布图。

对于厚度为 4 mm 的铝合金薄板，圆孔边缘的法向应力最大为 42 kPa，其等效应力为 1.04 MPa，法向应力占比为 4.04%，如图 2-15 所示，可近似认为将薄板简化为平面应力状态。因此，模型采用壳单元，为平面应力状态。

仿真计算减薄处理到 4 mm 的 5A06 铝板的应力集中点达到屈服状态（屈服应力取 160 MPa）时的加载力和应力分布，为进一步确定试验加载条件和应变片布置提供依据。采用壳单元进行建模，尺寸与试验件一致，网格密度为 2 mm，双向同时施加 1 kN 的拉力，壳单元模型如图 2-16 所示。

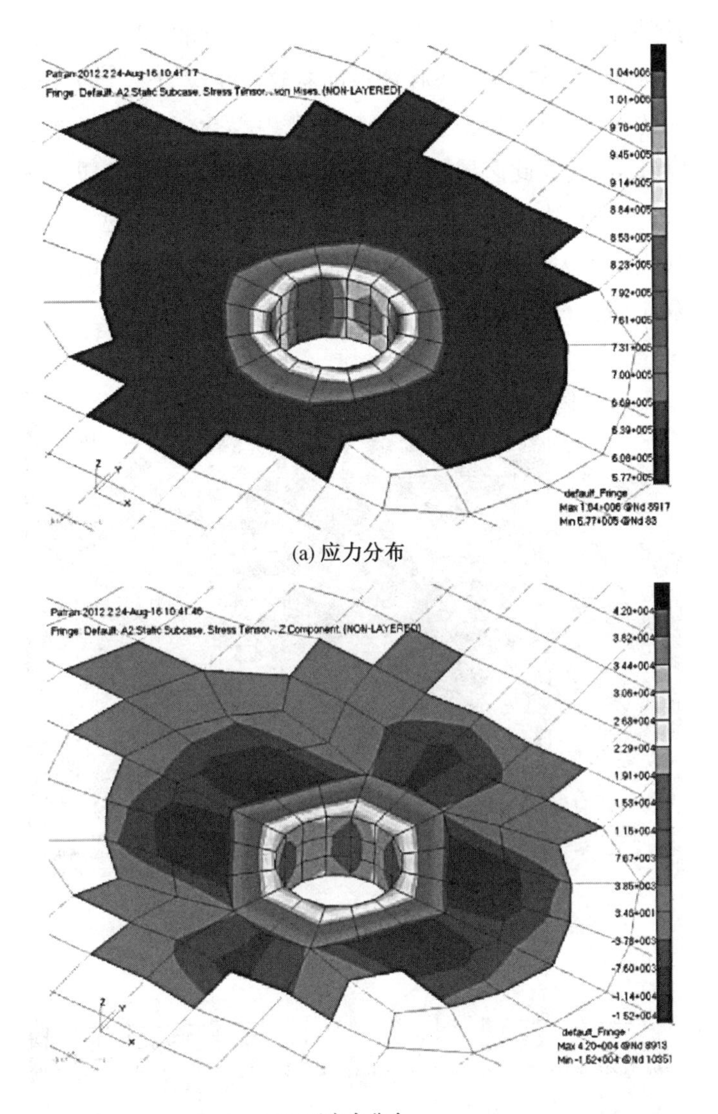

(a) 应力分布

(b) 正应力分布

图 2-15　厚度为 4 mm 的圆孔边缘应力分布

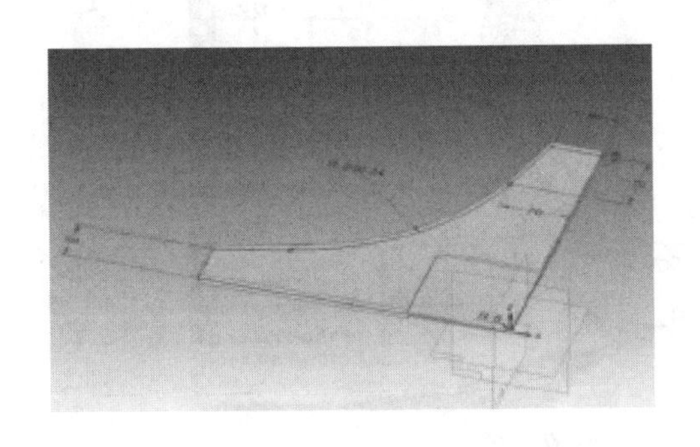

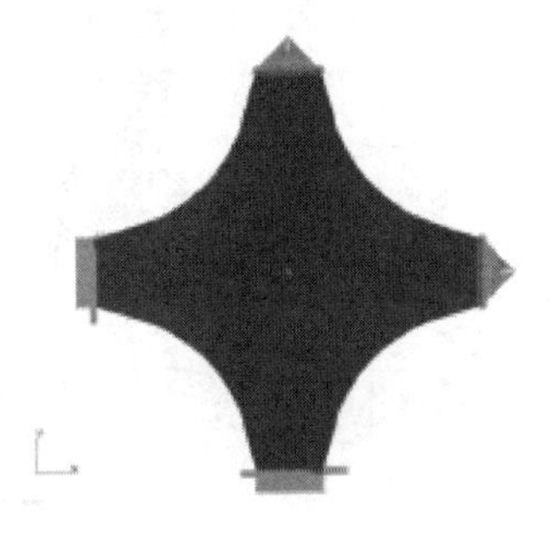

图 2-16　壳单元模型图

为研究减薄区域的应力分布，将应力集中区域放大(图 2-17)。由于超声波检测的是其传播路径上的平均应力，故应将 LCR 波换能器放置在应力变化较小处。由图 2-17 可知，通过网格单元的初步估算，近似认为距离圆孔中心 50 mm 的区域是应力均匀分布。因此，将 LCR 波换能器放置此区域，中心打孔区(直径 10 mm)的应力分布如图 2-18 所示。由图 2-18 可知，小孔边缘 2 mm(一个网格)以内区域存在应力集中，当在两端加载 1 kN的拉力时，最大应力为 1.11 MPa。当铝板中心圆孔边缘达到 160 MPa 的临界屈服时，线性推算出双向加载的拉力最大为 144.14 kN。

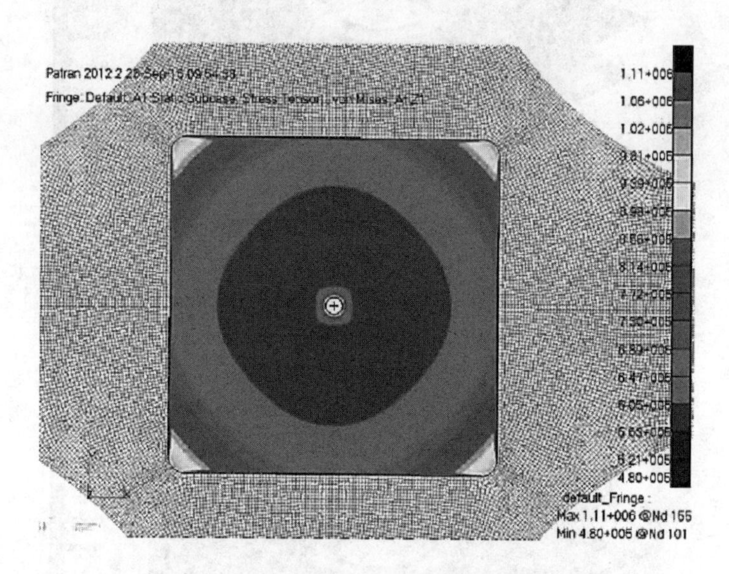

图 2-17 LCR 波测量区域应力分布图

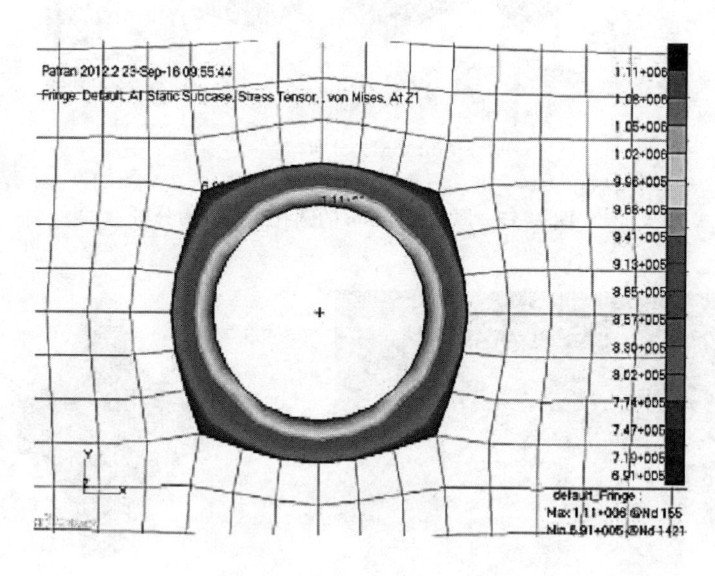

图 2-18 打孔区域应力分布图

在 250 kN 平面双轴疲劳试验机上提供双向加载力，从 10 kN 开始，以 10 kN 递增，并以仿真结果作参考，在安全范围内考虑最大加载为 110 kN，以免铝合金薄板发生塑性形变。试验件背面贴 8 组应变片，加载过程中同步采集应变片应变数据，试验结束后通过应变计算应力值。贴好应变片的实物图如图 2-19 所示。

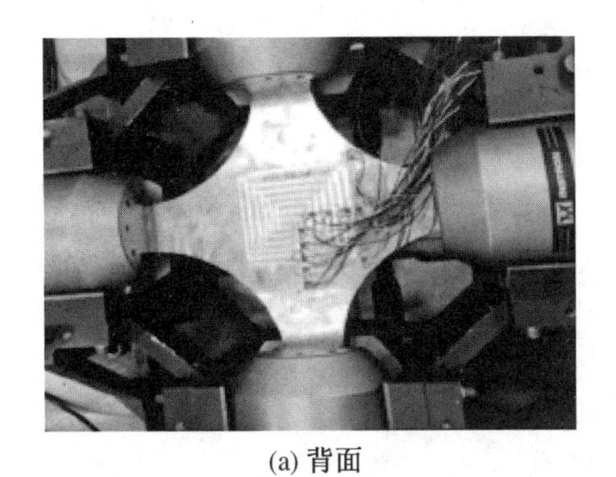

(a) 背面　　(b) 正面

图 2-19　应变片实物图

首先，沿 B 轴单向加载 0～110 kN 的拉力，以 10 kN 为步长，换能器平行于 B 轴放置。以应力为横坐标，声时差为纵坐标，获得应力与声传播时间变化量的关系（图 2-20）。

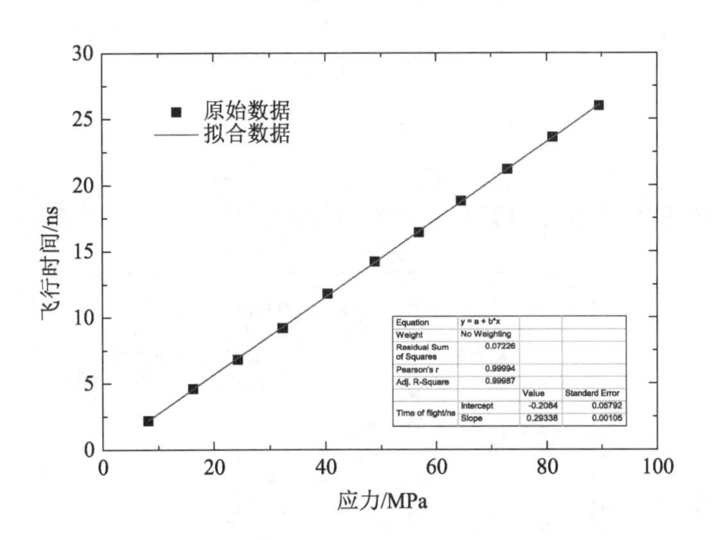

图 2-20　平行加载方向的单向应力系数标定图

由图 2-20 可知，应力与声时差之间存在良好的线性关系，拟合得到单向应力系数 $k_{/\!/}=3.4\,\mathrm{MPa/ns}$。采用拟合数据 $k_{/\!/}=3.4\,\mathrm{MPa/ns}$，根据超声测量得到的声时差，计算得到超声波实测的应力值。

然后，沿 A 轴单向加载 0～110 kN，测量 LCR 波传播方向垂直于应力方向的单向应力系数，换能器平行于 A 轴放置，步长为 10 kN。以应力为横坐标，声时差为纵坐标，得到临界折射纵波传播时间与垂直方向加载条件下应力的关系。

由图 2-21 可知，应力与声时差之间存在良好的线性关系，得到垂直加载方向的单向应力系数 $k_{\perp}=11.24\ \mathrm{MPa/ns}$。分析图 2-20、图 2-21 可知，平行加载方向的应力系数 $k_{\parallel}=3.4\ \mathrm{MPa/ns}$，而垂直加载方向的应力系数 $k_{\perp}=11.24\ \mathrm{MPa/ns}$，说明 LCR 波的传播时间变化量受不同方向应力的影响而出现明显差异。垂直应力方向的声弹性效应约为平行方向的 33%。

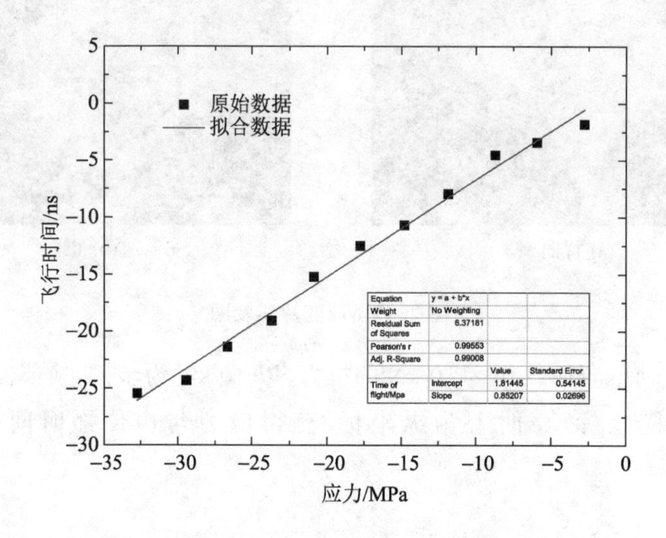

图 2-21　垂直加载方向的应力系数标定图

取拟合数据 $k_{\perp}=11.24\ \mathrm{MPa/ns}$，根据超声测量得到的声时差，计算超声波实测的应力值，以拉力值为横坐标，分别以应变片计算的应力值和超声测量应力值为纵坐标，获得垂直加载方向的应变片测量计算的应力与超声测量应力对比关系（图 2-22）。由图

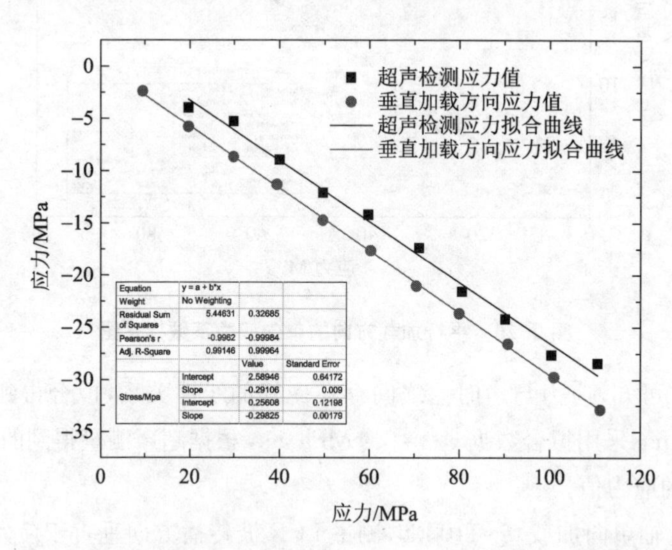

图 2-22　垂直加载方向的应变片应力值与超声测量应力对比图

2-22 可知，二者斜率只相差 0.141，近似相同，只是截距有 1.801 5 的差距，说明标定的平行加载方向单向应力系数线性度良好。实验得到的超声测量结果与应变片计算的应力值最大偏差小于 5 MPa。

在 A，B 双向拉伸加载相同载荷的条件下，测量 LCR 波双向应力系数，以应力为横坐标，声时差为纵坐标，进行曲线拟合，结果如图 2-23 所示。

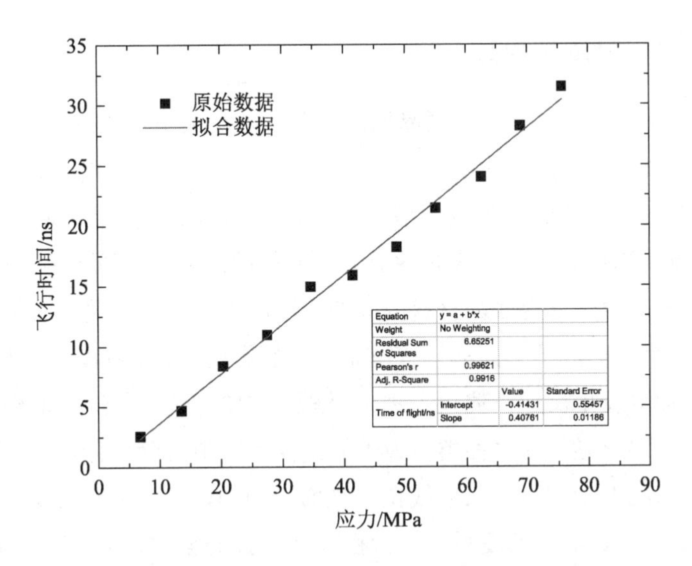

图 2-23　平行加载方向测量的双向应力系数标定图

由图 2-23 可知，应力与声时差之间存在良好的线性关系，拟合得到双向应力系数 $k_B = 2.44$ MPa/ns。根据超声测量得到的声时差，计算得到超声波实测的应力值。

比较图 2-20、图 2-23 的应力系数，双向加载情况下和单向加载情况下不同，这说明垂直方向的应力对应力系数有一定程度的影响。双向加载情况下得到的应力系数为 2.44 MPa/ns，即 2.44 MPa 的应力就可以引起 1 ns 的声时变化，相比单向加载时的 3.4 MPa，双向加载引起 1 ns 的声时所需的应力小了 0.96 MPa，说明双向加载情况下，垂直与平行方向的应力共同作用引起声时变化，垂直方向应力的作用约为平行方向应力的 33%。

2.4　X 射线衍射技术

X 射线于 19 世纪末期由伦琴首先发现。1912 年，德国物理学家劳厄提出了 X 射线会和晶体产生衍射的现象。1913 年，英国物理学家布拉格父子提出了著名的布拉格方程[60]，建立了晶面间距和衍射角的关系，为 X 射线衍射方法测试残余应力奠定了基础。X 射线衍射测试残余应力是利用 X 射线穿透金属晶格时发生衍射的原理，根据布拉格定律测量金属材料或构件的表面层由于晶格间距变化所产生的应变进而计算出应力。X

射线衍射法只能测量材料表面的残余应力，如果要测试残余应力沿梯度方向的分布，需要结合电解抛光法进行逐层抛光并逐层测试。X射线衍射技术发展至今，因为其便捷性和准确性，已经在工程中和科学研究中得到了广泛的运用，是一种非常常见和必要的测试手段。美国汽车协会和日本材料学会都已经将X射线衍射法作为测量材料应力的标准方法[61]。

2.4.1 X射线衍射测试原理

X射线衍射法的原理是基于材料晶面间距的大小和变化。当材料受到拉伸应力时，晶粒内部的原子发生相对运动，晶面间距发生变化。当晶粒的取向平行于拉伸应力方向时，晶面间距减小；当晶体取向垂直于应力方向时，晶面间距则会增大。因此，如果可以通过某种实验方法测得同一晶面族的各个不同方位的晶粒的晶面间距，再结合弹性力学的胡克定律，便可以设法求得多晶材料内部的残余应力。

晶粒内的每个平行原子平面都具有镜面反射的作用，当X射线束发射进入晶体内部时，遇到原子平面会发生反射。假设入射波从晶体中的平行原子平面作镜面反射，每个平面反射很少一部分辐射，在这种类似镜子的镜面反射中，其反射角等于入射角[62]。

考虑间距为 d 的平行晶面，入射线位于纸面平面内。相邻平行晶面反射的射线行程差是 $2d\sin\theta$，式中从镜面开始度量。当行程差是波长的整数倍时，来自相继平面的辐射发生了相长干涉，这就是布拉格定律。

布拉格定律用公式表达为

$$2d\sin\theta = n\lambda \tag{2-19}$$

式中 d ——平行原子平面的间距；

λ ——入射波波长；

θ ——入射光与晶面的夹角。

布拉格公式的另一种表达式为

$$2d\cos\varphi = n\lambda \tag{2-20}$$

式中 d ——平行原子平面的间距；

λ ——入射波波长；

θ ——入射光与晶面法线的夹角，即掠射角的余角。

以上两个公式实质一样。关于X射线衍射对布拉格公式的使用有几点需要说明，由公式可知 $\sin\theta \leqslant 1$，所以只有当入射线的波长 $\lambda < 2d$ 时才能满足衍射条件，反过来，只有晶面满足晶面间距 $d > \lambda/2$ 时才能发生衍射。推导布拉格公式的前提是简单理想晶体，但是在实际情况中，有些晶体不只是简单的平面点阵，所以导致衍射强度较低。

材料体积单元中存在六个应力分量，即，σ_x，σ_y，σ_z 分别表示 x 轴、y 轴、z 轴方向的正应力分量，τ_x，τ_y，τ_z 分别表示三个方向切应力分量。图 2-24 为直角坐标系，其中 σ_1，σ_2 分别表示平面内应力的最大值和最小值，ϕ 和 ψ 为空间任意方向 OP 的两个方位角，ψ 为 OP 与样品表面法线的夹角，ϕ 是 OP 在样品平面上的投影与 x 轴的夹角，$\varepsilon_{\phi\psi}$ 为材料沿 OP 方向的弹性应变，如图 2-24 所示。

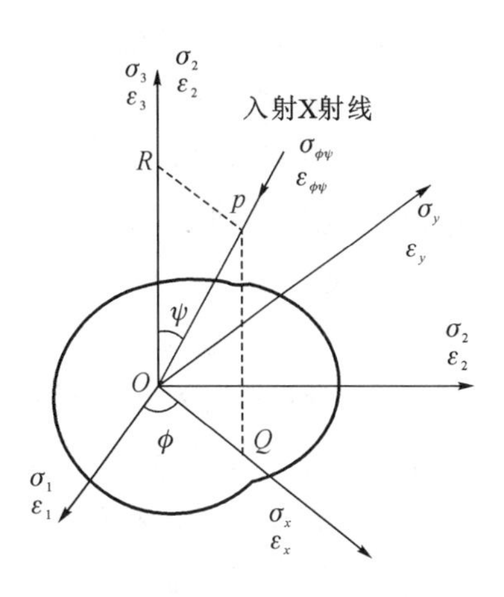

图 2-24　应力测量空间坐标

根据弹性力学理论，应变 $\varepsilon_{\phi\psi}$ 可表示为

$$\varepsilon_{\phi\psi}=\frac{1+\nu}{E}(\sigma_1\cos^2\phi+\tau_{12}\sin 2\phi+\sigma_2\sin^2\phi-\sigma_3)\sin^2\psi+\frac{1+\nu}{E}(\tau_{13}\cos\phi+\tau_{23}\sin\phi)\sin^2\psi+\frac{1+\nu}{E}\sigma_3-\frac{\nu}{E}(\sigma_1+\sigma_2+\sigma_3) \tag{2-21}$$

式中　E——材料的弹性模量；

ν——材料的泊松比。

此公式为宏观应力和应变之间的关系。根据布拉格方程，此处应变为

$$\varepsilon_{\phi\psi}=\frac{d_{\phi\psi}-d_0}{d_0} \tag{2-22}$$

式中，d_0 表示材料无应力状态的晶面间距。此公式为晶面间距和应变的关系。

将式(2-21)与式(2-22)相结合则可以通过微观的晶面间距求得宏观应力，此为 X 射线检测残余应力的理论基础。

X 射线的穿透能力较弱，只能测得材料表面的残余应力，可以将材料表面的应力视为二维应力，法线方向应力为零，即 $\sigma_z=\tau_{xz}=\tau_{yz}=0$。

将方位角 ϕ 分别设为 0°，90°和 45°，并对式(2-21) $\sin^2\psi$ 求偏导，整理可得

$$\sigma=K\frac{\partial 2\theta}{\partial\sin^2\psi} \tag{2-23}$$

$$K=-\frac{E}{2(1+\nu)}\cdot\cot\theta\cdot\frac{\pi}{180} \tag{2-24}$$

式(2-24)中的 K 被定义为 X 射线应力常数，$\frac{\partial 2\theta}{\partial\sin^2\psi}$ 为试验测得。

X 射线应力测定的衍射原理图如图 2-25 所示。在二维应力情况下，试样表层对选定应力方向(X 方向)的应力可用式(2-23)计算，该公式为 X 射线衍射法检测残余应力的基本公式。

X 射线残余应力设备主要包括数据处理计算机、X 射线发生器、X 射线准直器等。X

射线残余应力检测仪的工作原理是：X 射线发生器激发 X 射线，通过准直器照射在样品表面，再通过探测器采集光信号，通过光纤传到 PSSD 盒，方盒电缆提供图像增强管的电源和二极管阵列，同时提供计算数据输出到计算机。计算机内专用的处理软件对采集到的衍射峰进行分析拟合，最终计算出残余应力的数值[64]。传统的 X 射线衍射残余应力测试方法通过改变 ψ，测得在同一个方向 ϕ 上不同 ψ 角下的衍射角，进而计算出不同 ψ 角下的应变 $\varepsilon_{\psi\phi}$，最后通过数据拟合得到材料在 ϕ 方向上的残余应力，被称为“线探$\sin^2\alpha$”方法，线探 X 射线残余应力设备如图 2-26 所示。

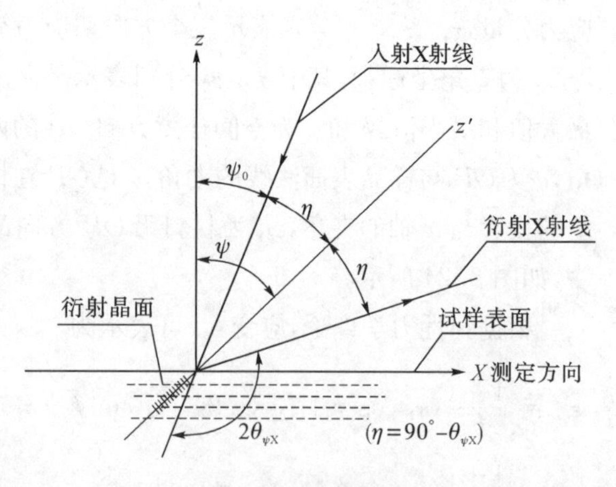

图 2-25　X 射线衍射原理图

1978 年，Taira 等首次提出用“$\cos\alpha$”方法来进行 X 射线衍射应力分析，后来这种方法又被扩展为单次曝光法并被多次改进[65]。“$\cos\alpha$”方法采用二维探测器，只需要在固定角度 ψ_0 上进行单次测量，收集一个面上的衍射角变化，就能计算出材料的残余应力。和传统的线探方法相比，面探方法测量时间短，而且仪器小巧易携带，如图 2-27 所示。由于不需要转动 ψ，二维面探方法对测量一些几何外形复杂的零件具有更大优势。

图 2-26　一维 X 射线残余应力设备

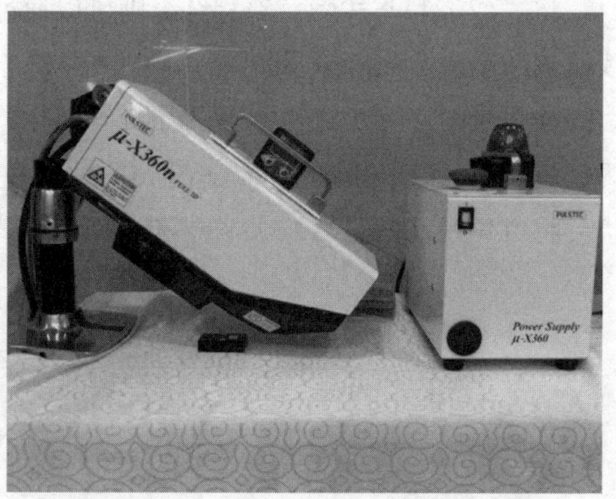

图 2-27　二维 X 射线残余应力设备

2.4.2　X 射线法测定残余应力的特点

X 射线法作为常用的残余应力测试方法，具有以下优点：理论成熟，测量精度高，测量结果准确、可靠；与其他方法相比，X 射线衍射法在应力测量的定性定量方面有令人满意的可信度;可以直接测量实际工件而无须制备样品;X 射线法测定表面残余应力为非破坏性试验方法;X 射线法测定的是纯弹性应变;X 射线束的直径可以控制在 2～3 mm 以内,可以测定很小范围内的应变;X 射线法测定的是表面或近表面的二维应力,应用这一特点,采用剥层的方法,可以测定应力沿层深的分布;X 射线法可以测量材料中的第二类和第三类应力。

X 射线法测定残余应力的缺点是设备费用贵;X 射线对金属的穿透深度有限,只能无破坏地测定表面应力,若测深层应力及其分布,也需破坏构件,这不仅损害了 X 射线法的无损性本质,还将导致部分应力松弛和产生附加应力场,严重影响测量精度;当被测工件不能给出明锐的衍射峰时,测量精度也将受到影响;被测工件表面状态对测量结果影响较大;采用 $\sin^2\varphi$ 法进行扫描定峰计算时,有时会出现"突变"现象,同时这种衍射强度"突变"现象多发生在 φ 值为 35°,40°,45°处,且易在焊缝或离焊缝中心较近的近焊缝区产生。

2.4.3 X 射线法测定残余应力的应用

X 射线法检测残余应力在工程中有广泛的应用,包括航空航天的航空发动机涡轮盘、叶片及起落架等、轨道交通中车轮及轮轨焊缝、核电压力容器等。针对不同的材料,在实际测试过程中应选用不同的靶材,并且一维面探与二维线探的测试结果会有微小的差异。接下来以合金钢、镍基合金、铝合金以及钛合金等四种金属为例,对比一维线探与二维面探残余应力测试法得到的不同结果。四种金属的力学和衍射特性如表 2-4 所示。

表 2-4　　四种被测试金属合金力学和衍射特性

名称	靶材	晶体结构	衍射晶面 /(hkl)	弹性模量 /GPa	泊松比 (ν)	衍射角 (2θ)/(°)
合金钢	Cr	BCC	211	224.0	0.28	156.40
铝合金	Cr	FCC	311	69.3	0.35	139.53
镍基合金	Cr	FCC	311	214.6	0.30	150.88
镍基合金	Mn	FCC	311	214.6	0.30	152
钛合金	V	HCP	103	115.7	0.321	140.08
钛合金	Cu	HCP	213	115.7	0.321	142

钢材和铝合金在 Cr 靶下有较好的衍射峰,因此选用 Cr 靶作为其测试靶材。铝合金在 Cr 靶 X 光照射下分别在 157.04°和 139.53°的衍射角上有较强的衍射峰,其对应的衍射面分别为 222 面和 311 面。为了保证测试分析的统一性,对铝合金的测试统一采用 311 衍射面的衍射峰来分析其残余应力。镍基合金在 Cr 靶和 Mn 靶下都有较强的衍射

峰，但是在Cr下衍射峰对应的衍射角较小，因此其测试精度不如Mn靶高。由于实验器材的约束，二维面探采用Cr靶来测试镍基合金的残余应力，一维线探则采用Mn靶来测试。钛合金在Cu靶和V靶下都有衍射峰，二维面探采用V靶来测试钛合金的残余应力，一维线探则采用Cu靶来测试。表2-5和表2-6分别列出了X射线衍射线探和面探的靶材以及测试条件。

表2-5　一维线探X衍射线探分析测试条件

靶材	管电压/kV	管电流/mA	辐照直径/mm	X射线入射角 ψ/(°)
Cr	30	25	4	−20，−15，−10，−5，0，5，10，15，20
V	24	28	4	−20，−15，−10，−5，0，5，10，15，20
Mn	25	20	4	−20，−15，−10，−5，0，5，10，15，20
Cu	22	30	4	−20，−15，−10，−5，0，5，10，15，20

表2-6　二维面探X衍射线探分析测试条件

靶材	管电压/kV	管电流/mA	辐照直径/mm	X射线入射角 ψ_0/(°)
Cr	30	1	4	35(合金钢)，25(铝合金)，30(镍基合金)
V	30	1	4	25(钛合金)

二维面探在面上每隔0.72°放置一个测试探头，得到X衍射下材料完整的德拜环，如图2-28所示。图2-28(a)是钢材在Cr靶下的X射线衍射德拜环，从图中可以看出，该钢材在各个方向上都有较好的衍射峰且强度均匀，不随α角度的变化而变化。这说明了这种钢材具有均匀的应力取向，其晶粒的取向具有随机性，不存在明显的织构。

图2-28(b)是铝合金在Cr靶下的X衍射德拜环，可以明显看到铝合金在Cr靶下具有两个衍射峰。靠近中心的一圈衍射峰集中在157°附近，是X射线在铝合金(222)面上衍射产生的。外圈的衍射峰集中在139°左右，是铝合金(311)面上产生的衍射峰，也是本节中用来计算残余应力使用的衍射峰。从图中可以看出，相比于图2-28(a)钢材产生的德拜环，铝合金的衍射峰强度随着α的变化而变化，这说明了这种铝合金材料具有织构结构，其晶粒的均匀性不如钢材好。从整体上来说，虽然存在织构结构，其织构并不是十分强烈，因铝合金在各个方向上都有明显的衍射峰，因此可以认为测试依然是有效的。

图2-28(c)和图2-28(d)分别是镍基合金和钛合金在二维面探下得到的德拜环。从图中可以看出，二者都只有一个衍射峰，而且衍射峰的强度随着α的变化而变化。虽然衍射峰强度随α的变化而变化，但是在各个方向上都有明显的衍射峰，因此其残余应力的测试依然是有效的。

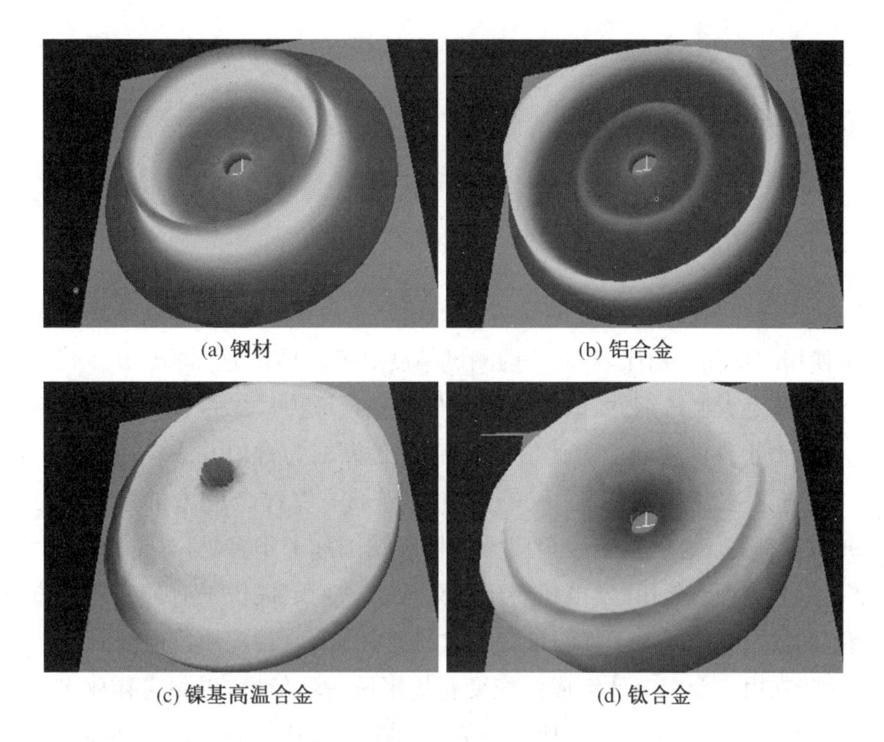
(a) 钢材 (b) 铝合金
(c) 镍基高温合金 (d) 钛合金

图 2-28 二维面探 X 衍射残余应力测试仪

测试得出一维线探和二维面探残余应力的数值对比如图 2-29 所示。

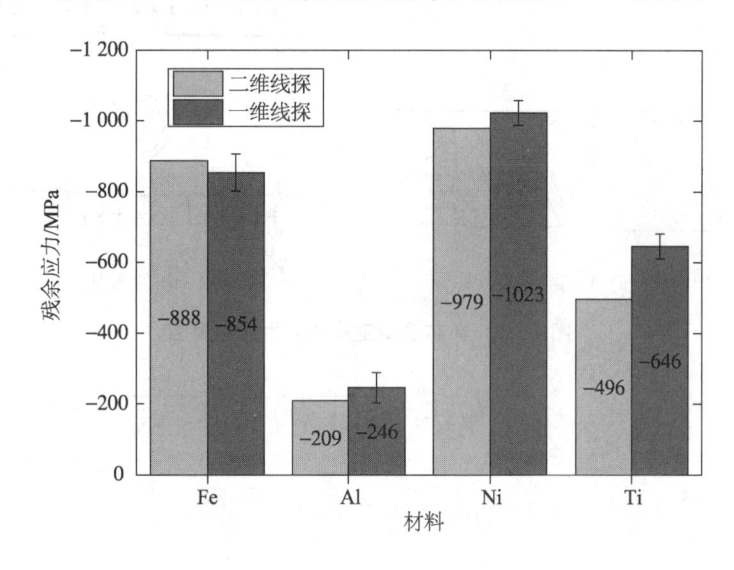

图 2-29 二维面探 X 衍射残余应力测试仪

对比两种 X 衍射测试方法的结果，可以看到二者在测试钢材、铝合金以及镍基合金时的结果非常相近，但是在测试钛合金时，有 20%左右的偏差，这是由于钛合金中既有 α 相又有 β 相，β 相的存在会干扰测试的结果。总体来说，用二维衍射方法测试材料的残余应力的结果是可信的。

2.5 环芯检测技术

2.5.1 环芯检测原理

环芯法是一种有损残余应力测试方法。环芯法由德国学者 Milbradt 于 1951 年提出，与经常使用的钻孔法相比，环芯法的测试精度更高。早在 20 世纪 70 年代，国际上就采用环芯法来测定大型铸钢件、锻件和焊接件的残余应力；之后，在大型汽轮机、汽轮发电机转子等大型工件的残余应力评估中，环芯法逐渐成为常用方法。1999 年，我国颁布了行业标准《环芯法测量汽轮机、汽轮发电机转子锻件残余应力的试验方法》(JB/T 8888—1999)。有关环芯法测定残余应力的标准在国际上不多见，这部至今仍在使用的行业标准不仅为大型汽轮机、发电机转子残余应力的测定提供了有效实用的方法，而且对具有相同前提条件的其他工件残余应力的测定也具有直接应用价值或借鉴意义[67]。

环芯法指在由 3 个应变计组成的应变花周围铣一环形槽，以测定释放出来的应变，如图 2-30 所示。释放应力与测定应变的关系见式(2-25)[68]，即环芯法测定残余应力的基本公式。

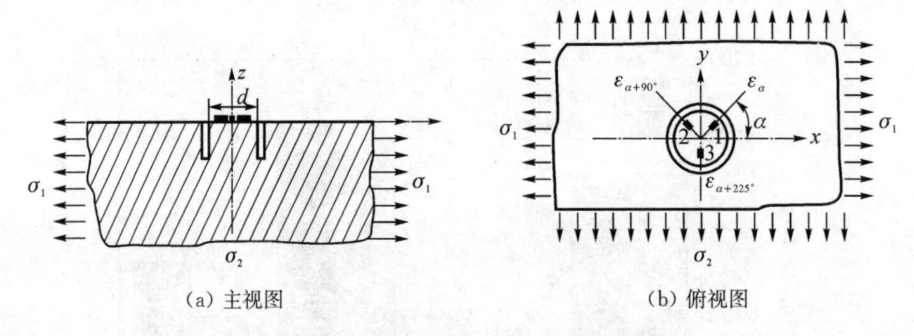

图 2-30 环芯法测定残余应力的原理图

$$\begin{cases}\sigma_1 = \dfrac{E}{4A}(\varepsilon_\alpha + \varepsilon_{\alpha+90^\circ}) - \dfrac{E}{4B} \times \sqrt{(\varepsilon_\alpha - \varepsilon_{\alpha+90^\circ})^2 + (2\varepsilon_{\alpha+225^\circ} - \varepsilon_\alpha - \varepsilon_{\alpha+90^\circ})^2} \\ \sigma_2 = \dfrac{E}{4A}(\varepsilon_\alpha + \varepsilon_{\alpha+90^\circ}) + \dfrac{E}{4B} \times \sqrt{(\varepsilon_\alpha - \varepsilon_{\alpha+90^\circ})^2 + (2\varepsilon_{\alpha+225^\circ} - \varepsilon_\alpha - \varepsilon_{\alpha+90^\circ})^2} \\ \tan 2\alpha = \dfrac{\varepsilon_\alpha - 2\varepsilon_{\alpha+225^\circ} - \varepsilon_{\alpha+90^\circ}}{\varepsilon_\alpha - \varepsilon_{\alpha+225^\circ}} \end{cases} \tag{2-25}$$

式中 σ_1，σ_2 ——工件内的最大残余主应力和最小残余主应力；

α ——应变计 1 的轴线与主应力 σ_1 的夹角；

A，B ——应变释放系数；

ε_α，$\varepsilon_{\alpha+90^\circ}$，$\varepsilon_{\alpha+225^\circ}$ ——图 2-30 所示 3 个应变计的应变值。

应变释放系数 A 和 B 可由试验标定和数值标定两种方法确定。标定时通常采用单向拉伸应力状态（$\sigma_1=\sigma$，$\sigma_2=0$），应变花的 α 轴和（$\alpha+90^\circ$）轴分别与主应力 σ_1 和 σ_2 的方向平行（即 $\alpha=0^\circ$）。由式(2-25)求得标定系数公式为

$$\begin{cases} A=\dfrac{\varepsilon_{0^\circ}+\varepsilon_{90^\circ}}{2\sigma}E \\ B=\dfrac{\varepsilon_{0^\circ}-\varepsilon_{90^\circ}}{2\sigma}E \end{cases} \tag{2-26}$$

采用式(2-26)标定释放系数 A 和 B。在弹性范围内，当环形槽的几何形状确定时，应变释放系数仅与材料的特性有关，与外加应力无关[69]。

2.5.2 环芯检测残余应力的特点

环芯法比钻孔法更为敏感精确，其原理与钻孔法相似，区别在于将小孔替换成内径为 15～150 mm、深度为 25%～150%内径尺寸的圆环，此方法的优点在于测试出的应变变化范围大，易于检测，然而此方法对零件损坏较大，不宜经常使用。

对于那些不便加工环芯槽的特硬材料进行测量时，需要用特殊的处理方法来配合环芯法的使用。可以用喷砂的方法加工出与用环芯法一样的环芯形状，但这种方法不能精确控制精度。另一种常用的加工环芯槽的方法是电火花加工。电极与工件之间会在电荷的腐蚀作用下熔融并去除待测材料。一般通过减少两个电极的间隙来增加加工速度，同时需要对电极和工件进行冷却。但是利用凡士林油和水冷却时要求应变计能够绝缘，因此也存在一定的局限性。

2.5.3 环芯检测残余应力的应用

环芯法是一种释放残余应力的方法，由于有损方法具有测量成本较低、适用范围广泛、可分析沿试样厚度方向的分布等优点，在相关的科学研究和工程应用中备受关注。云纹干涉作为一种相干光学测量方法，具有全场测量、高精度、高灵敏度的优点，结合环芯法和云纹干涉可有效测量材料的残余应力。

以 LY12 铝合金残余应力测试为例，试样如图 2-31 所示，厚度为 10 mm。试样由两部分构成，即芯部和外环，芯部直径（50.17 mm）略大于外环的内径（50.00 mm）。加工时，将外部环用高温炉加热膨胀，同时将芯部至于液氮中冷却收缩。待二者温度充分加热和冷却后，将其取出并迅速拼装，形成过盈配合残余应力试样。当整个试样恢复至室温时，试件芯部区域将处于双向等压的残余应力状态。在实验之前，将 1 200 线/mm 的商品正交光栅转移到试件芯部的表面待测区域。由于芯部面积较大，认为在某一测试点切割环芯后，对远离该点区域残余应力的影响是可以忽略的。使用环芯法测量残余应力时，需要在试件栅区域内切一个闭合的环槽，通过测量环芯上释放的变形来表征试样内

部的残余应力。利用如图 2-32 所示的铣刀，通过铣削的方式直接在试件表面被测区域加工环槽。切割环槽时铣刀转速为3 600 r/min，铣刀进给速率约为 20 m/s。由于环槽铣刀端面和内壁切削刃之间并非绝对垂直，环芯的尺寸会随着环槽深度的增加而减小。同时考虑到环槽较深时，其外部释放的位移量较大，不利于云纹干涉条纹的调节，最终环槽的深度选择为 315 μm。切割环芯后的试件栅如图 2-33 所示，其中环槽外壁的直径为 5 mm，环芯的直径为 1.7 mm，此时将试样放入云纹干涉仪，即可测量环芯法释放的残余变形。

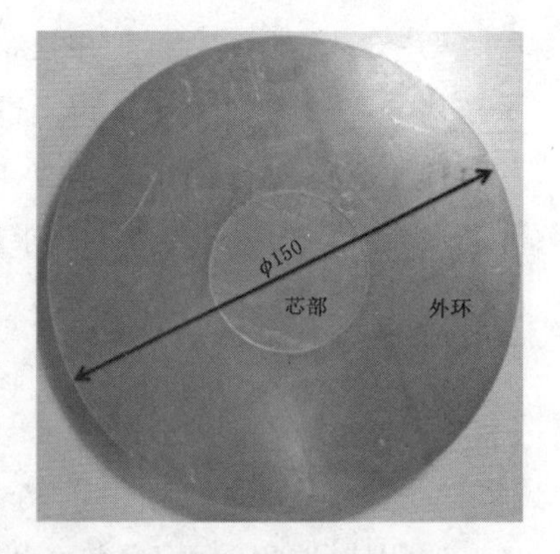

图 2-31 过盈配合残余应力试样

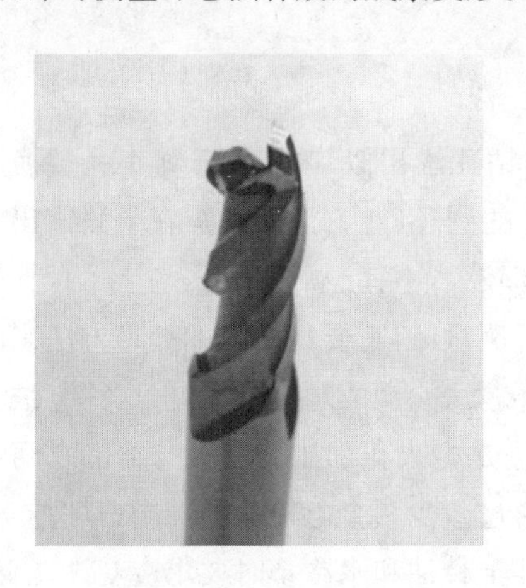

图 2-32 环槽铣刀

图 2-33 环芯后的试样

云纹干涉测量时，如果参考栅与试件栅频率不匹配，则会出现载波条纹。由于载波条纹并非由试件栅变形而产生，会对试件变形测量结果产生干扰，所以在采集干涉条纹前应对载波条纹予以校正。常用的校正方法是进行零场调节，即使零级条纹出现在已知的位移为零的区域。然而，对于环芯法干涉条纹而言，零级条纹应该位于环槽边界之外的远场区域。因而，云纹干涉的视场应该足够大，以观测到远场的干涉条纹；同时，又需要较高的放大倍数来记录环芯上的条纹。为了方便零场的调节，将不同焦距的场镜与 CCD 相机组合，获得试件变视场区域（不同放大倍数）的干涉条纹。测试中，首先在低放大倍数下，将环槽外围的区域调成零场的状态，并将环芯置于图像的中心位置，如图 2-34 所示；然后，在高放大倍数下观测并记录干涉条纹。同时，为了精确获得全场位移，通过调整云纹干涉仪上的压电陶瓷，使得云纹条纹的相位发

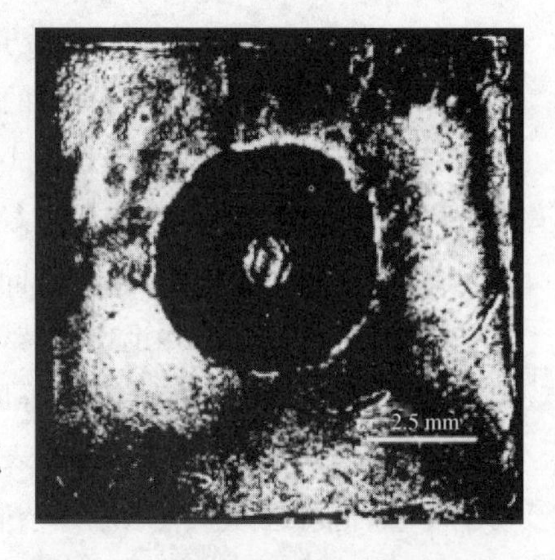

图 2-34 低放大倍数下的干涉条纹

生变化。然后基于四步相移技术，求解云纹条纹的相位场并转化为位移场。图 2-35 为实验中记录的相移条纹。

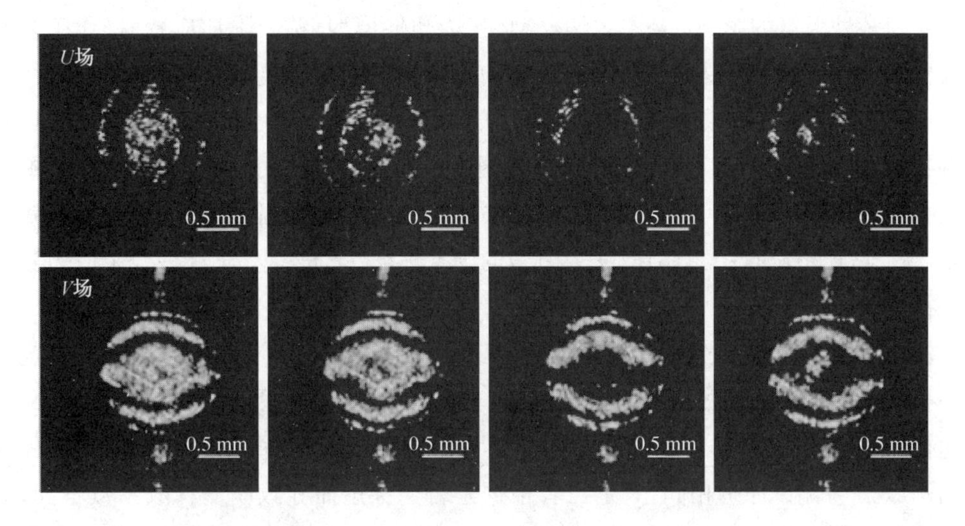

图 2-35 环芯上云纹干涉条纹的四步相移

在获得释放的残余变形场后，根据残余变形和残余应力之间的关系参数，即可确定试样中的残余应力。通过求解相位，由相位和位移的关系可以获得环芯上由于残余应力释放产生的位移场，如图 2-36 所示。可见，环芯上释放的位移场基本是中心对称的，根据有限元的标定可以计算出对称的残余应力场的数值[70]。

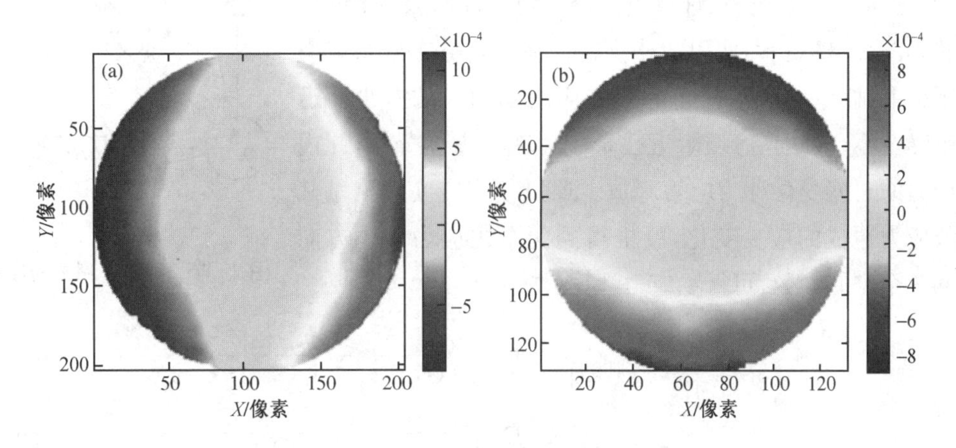

图 2-36 通过相移法求解获得的环芯位移场

2.6 钻孔检测技术

2.6.1 钻孔测试原理

钻孔法又称小孔释放法，是一种有损的残余应力测试方法。小孔释放法最早是由

Marthar 等[71]在 1934 年提出，并制定了第一个盲孔法测试标准。经后来的多位学者加以研究改进，在现在的加工生产中已经作为一项比较成熟的技术被应用。钻孔法的测量精度受到多种因素的影响：基本力学模型、孔边塑性模型、钻削附加应变、操作工艺及设备仪器带来的误差等。钻孔法较为广泛地应用于测试应力梯度变化较大的焊接构件上。因为钻孔法操作方式简易，测试成本较低，被广泛应用于工程测试中。美国 ASTM 协会已将其纳入标准 E837-81[72]。1992 年，我国由中国船舶总公司制定了《残余应力测试方法钻孔应变释放法》(CB 3395—92)[73]。此外，在 2014 年，我国颁布了《金属材料残余应力测定钻孔应变法》(GB/T 31310—2014)的国家标准[74]，进一步对这种残余应力测试方法进行规范。

钻孔法测试的基本过程是在试样待测表面按圆周方向三等分位置分布三条应变片，钻一孔测量应变变化，通过其松弛应力计算其残余应力[61]。根据钻孔是否钻通，又可分为通孔法和盲孔法，将钻穿透试件的通孔改为不穿透的盲孔，可以达到降低受损程度的目的[75]。二者测试原理相同，只是二者根据是否会穿透而导致应变释放系数不同，通孔法应变释放系数可由理论解直接计算出，盲孔法应变释放系数则需用实验标定。相较而言，盲孔法因为损伤程度更小而成为目前工程上更普遍的残余应力测量方法。本节以盲孔法为例介绍钻孔法测试残余应力的原理。

使用盲孔法测试残余应力，其步骤是在构件上钻一小孔[76]，利用应变片测试由于残余应力释放引起的材料应变，之后根据应力-应变公式计算出残余应力。盲孔法测试的应变花如图 2-37 所示，使用钻孔仪在存在非均分布残余应力的平板上钻一小孔，沿孔边的径向应力随约束的减少而迅速下降至零，被钻孔区域附近残余应力随之重新分布，此内部应力的自发变化称为应力释放。通过使用应变片测量其释放应力造成的应变变化，反推得到两个主应力和主方向角共三个未知参数，可得主应力计算公式：

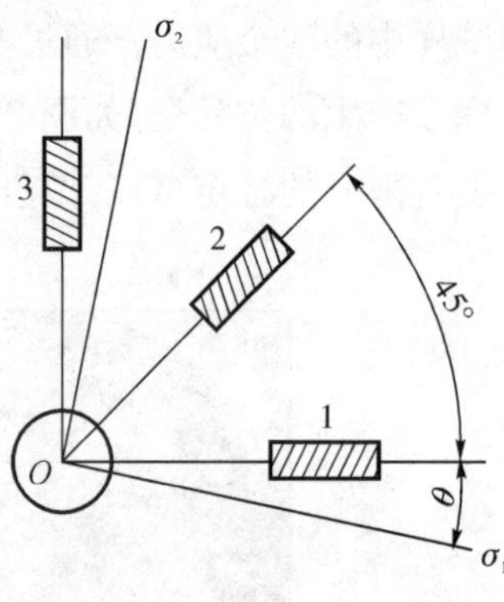

图 2-37　盲孔法测试的应变花

$$
\begin{cases}
\sigma_1 = \dfrac{E}{4A}(\varepsilon_1 + \varepsilon_3) - \dfrac{E}{4B} \times \sqrt{(\varepsilon_1 - \varepsilon_3)^2 + (2\varepsilon_2 - \varepsilon_1 - \varepsilon_3)^2} \\
\sigma_2 = \dfrac{E}{4A}(\varepsilon_1 + \varepsilon_3) + \dfrac{E}{4B} \times \sqrt{(\varepsilon_1 - \varepsilon_3)^2 + (2\varepsilon_2 - \varepsilon_1 - \varepsilon_3)^2} \\
\tan 2\theta = \dfrac{2\varepsilon_2 - \varepsilon_1 - \varepsilon_3}{\varepsilon_3 - \varepsilon_1}
\end{cases}
\tag{2-27}
$$

式中，A，B 为释放系数，与孔径、孔深、应变花尺寸及被测材料有关。应变释放系数 A，B 通过标定实验确定。在标定试样上施加一个已知的单向应力，使$\sigma_1 = \sigma_b$，$\sigma_2 = 0$，同时使 $1^{\#}$ 应变片、$3^{\#}$ 应变片分别平行于主应力σ_1，σ_2 方向，即 $\theta = 0$，则有

$$\begin{cases}\sigma_1 = \dfrac{E}{4A}(\varepsilon_1+\varepsilon_3)+\dfrac{E}{4B}(\varepsilon_1-\varepsilon_3)\\ \sigma_2 = \dfrac{E}{4A}(\varepsilon_1+\varepsilon_3)-\dfrac{E}{4B}(\varepsilon_1-\varepsilon_3)\end{cases} \tag{2-28}$$

将单向应力 $\sigma_1 = \sigma_b$，$\sigma_2 = 0$ 代入式(2-28)中，可得

$$\begin{cases}A = \dfrac{\varepsilon_1+\varepsilon_3}{2\sigma_b}E\\ B = \dfrac{\varepsilon_1-\varepsilon_3}{2\sigma_b}E\end{cases} \tag{2-29}$$

由 $1^{\#}$ 应变片、$3^{\#}$ 应变片测得应变 ε_1，ε_3，即可求得应变释放系数 A,B。如图 2-38 所示即为型号 RS-200 的盲孔残余应力测试仪，除了钻孔装置和喷砂打孔装置外，还引进了高速透平铣孔装置，使其兼具喷砂打孔和在高硬度材料上铣孔的优点，加工应力小、测量精度高、使用方便，可移动测试场所。

图 2-38　RS-200 钻孔残余应力仪

2.6.2　钻孔测试残余应力的特点

钻孔法是常用的残余应力测定方法之一，具有操作简单、成本低、检测速率高、应用范围广等特点。相比于其他有损残余应力测试方法，钻孔法对于试样的损坏较小，因此也称其为半无损测定方法。钻孔法的缺点是只能用于平面应力测定，而且钻孔时易产生加工应变，对检测结果造成干扰。在分步钻孔时，后面的钻孔会受到前面钻孔的影响。与射线、超声等无损测定方法相比，钻孔法会对试样造成损伤[77]。此外，这种方法通过电阻应变片测量应变，测试设备和装置复杂，操作程序烦琐，且操作人员的技术水平对测量结果影响较大。同时，钻孔法不适合检测残余应力数值较小的试样及具有较大应力梯度的试样。如果孔的深度超过其直径或残余应力大于 50%的屈服强度时，将导致在孔周围产生材料的局部屈服，可能造成测量结果的不准确[78]。

为降低各种误差因素对测量结果的影响，提高钻孔法残余应力测量结果的可靠性，众多研究者从钻孔时产生的偏心、应变计横向效应、应变计粘贴角度的偏差、孔边应力集中引起的塑性变形、钻孔直径与钻孔深度、测试表面形状、贴片尺寸、弹性模量误差、贴片误差和应变取值时间误差等方面分析并估计了钻孔法残余应力测量误差[79]。据此，国内外学者给出了最小钻孔直径、最大钻孔直径、孔径的增量以及相应的修正量以减小孔径误差；提出了实际钻孔过程中应变花测量中心与钻孔中心的偏离量的相应修正公式；采用形状改变比能理论、释放系数误差修正曲线、释放系数分级计算等方法来降低附加的塑性应变误差对最终残余主应力的影响，使钻孔法残余应力的测量精度在一定程度上得以提高[81]。

2.6.3 钻孔测试残余应力的应用

由于金属间化合物 Ti_2AlNb 存在织构，各向异性会增加线探 X 射线残余应力测试的难度，因此钻孔法是较为合适的残余应力测试方法。利用盲孔法测试喷丸强化 Ti_2AlNb 金属间化合物的残余应力，并通过有限元模拟的喷丸强化残余应力计算结果进行对比，分析盲孔法测试残余应力的特点。

在喷丸强化 Ti_2AlNb 金属间化合物的圆盘平面上，粘贴电阻应变片分别为 0°，45°和 90°的应变花，使用钻孔仪在应变花中心钻孔，通常孔深应该等于或略大于孔径，根据经验定义，当孔深为孔径的 1.2 倍时，应变已经完全释放。测试应力仪及应变片如图 2-39 所示。实验测试时，使用型号 K-RY6-1-33-120-3-05 应力分析电阻应变片测量位移及应变，使用钻孔目镜自带螺旋测微器测量钻孔深度，所用钻头直径为 ϕ1.6 mm，通过软件换算获取钻孔处深度方向上的平均残余应力。钻孔法由表面逐层递进深度需手动控制在 20 μm 左右，测试至残余应力值稳定趋于 0 时，认为此深度下材料内部已经达到平衡，不再受喷丸强化的影响。盲孔法测得的残余应力结果如表 2-7、表 2-8 中所示。

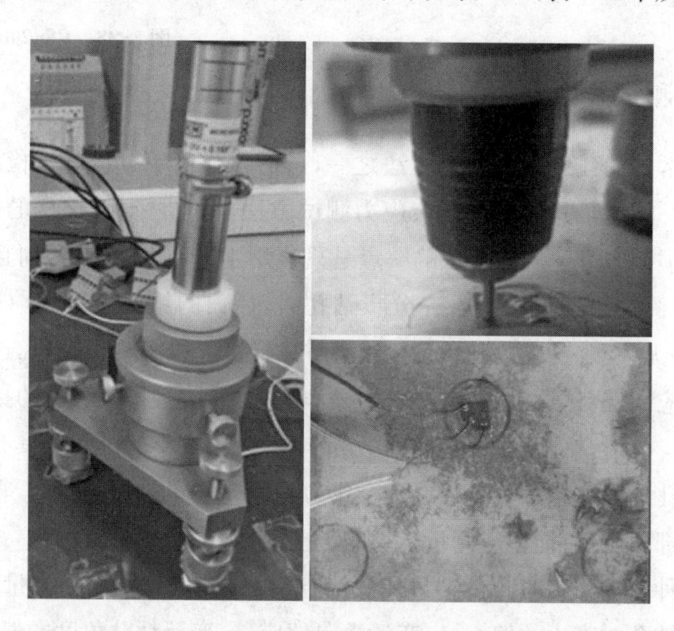

图 2-39 钻孔残余应力仪及应变片

表 2-7 X 向 Ti_2AlNb 盘残余应力测试结果

钻孔深度 /mm	σ_{X1} /MPa	σ_{X2} /MPa	σ_{X3} /MPa	$\sigma_{X\text{-average}}$ /MPa
0.04	−250	−275	−282	−269
0.07	−139	−129	−170	−146
0.09	−6	−22	−20	−16

（续表）

钻孔深度 /mm	σ_{X1} /MPa	σ_{X2} /MPa	σ_{X3} /MPa	$\sigma_{X\text{-average}}$ /MPa
0.11	−37	−10	−25	−24
0.13	75	14	43	44
0.15	43	70	64	59
0.17	72	50	49	57
0.19	41	46	48	45
0.25	63	48	39	50
0.35	31	56	30	39
0.45	−12	−10	1	−7
0.55	7	−6	2	1
0.65	19	14	24	19

表 2-8　Y 向 Ti_2AlNb 盘残余应力测试结果

钻孔深度/mm	σ_{Y1} /MPa	σ_{Y2} /MPa	σ_{Y3} /MPa	$\sigma_{Y\text{-average}}$ /MPa
0.04	−328	−349	−397	−358
0.06	−232	−195	−155	−194
0.08	−36	−12	−60	−36
0.1	−2	−19	0	−7
0.12	26	13	24	21
0.14	44	35	26	35
0.16	78	80	49	69
0.18	140	104	68	104
0.2	100	43	91	78
0.28	72	36	45	51
0.38	12	1	17	10
0.48	22	21	26	23
0.58	10	4	4	6
0.68	−1	3	−5	−1

图 2-40 是喷丸强化后 Ti_2AlNb 材料表层残余应力（X 向、Y 向）的梯度分布[82]。其中，虚线为喷丸数值仿真结果，实线为钻孔法实验测试结果。数值仿真和钻孔法实验得到的喷丸后 Ti_2AlNb 残余应力场分布呈现出相同的应力变化趋势，测试方法具有一定的可靠性。实际加工和撞击仿真的喷丸强化过程均在靶材表面引入了残余压应力，并且随

着距表面深度的增加，残余压应力值急剧下降，在转变为残余拉应力后缓慢趋于平衡，残余应力值最终趋近于 0 MPa。由于残余应力是材料不受外载时其内部具有的自相平衡的内应力，故在压应力层之下也会存在一定深度的残余拉压应力。随着深度的增加，当材料内部的残余拉应力、压应力值互相抵消，在此深度下不再存在残余应力，即残余应力值为 0 时，认为材料内部在此深度不再受喷丸残余应力的影响。盲孔法是一种微损检测方式，它无法直接测得材料表面的残余压应力，故而无法得到表面的残余应力数值。

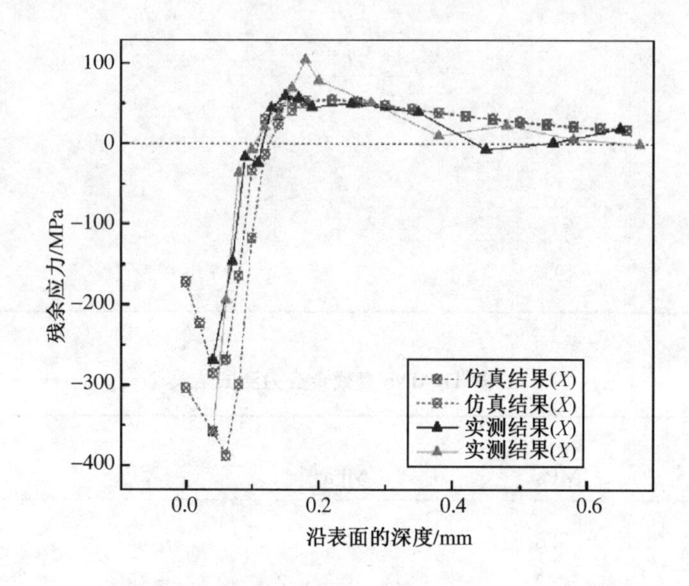

图 2-40　盲孔法测试与有限元模拟喷丸强化 Ti_2AlNb 残余应力场[82]

2.7　小结

零件的制造工艺会在其内部产生残余应力，特别是在锻造、铸造、热处理、切削加工、表面处理、零件装配等环节中，工件的残余应力也会发生相应的变化。残余应力是零件受到外部作用及其内部组织不均匀变化共同作用的结果。因此，残余应力的测量对零件的安全性、持久性和可靠性有着非常重要的意义。本章阐述了纳米压痕技术、磁测技术、超声波技术、X 射线衍射技术以及环芯法测量残余应力的基本原理和技术特点，并结合工程应用实例对检测技术的具体运用作了初步介绍。

本 章 习 题

1. 请简述纳米压痕技术测量残余应力的基本原理及其技术特点，并列举一个应用实例。

2. 请简述磁测技术测量残余应力的基本原理及其技术特点，并列举一个应用实例。

3. 请简述超声波技术测量残余应力的基本原理及其技术特点，并列举一个应用实例。

4. 请简述X射线衍射技术测量残余应力的基本原理及其技术特点，并列举一个应用实例。

5. 请简述环芯法测量残余应力的基本原理及其技术特点，并列举一个应用实例。

参考文献

[1] 王红美，徐滨士，马世宁，等. 纳米压痕法测试电刷镀镍镀层的硬度和弹性模量[J]. 机械工程学报，2005，41(4)：128-131.

[2] 刘倩倩. 微纳米尺度表面残余应力的分子动力学研究[D]. 沈阳：沈阳航空航天大学，2010.

[3] 章莎. 用纳米压痕法表征电沉积镍镀层薄膜的残余应力[D]. 湘潭：湘潭大学，2006.

[4] 黄勇力. 用纳米压痕法表征薄膜的应力-应变关系[D]. 湘潭：湘潭大学，2006.

[5] 郭荻子，林鑫，赵永庆，等. 纳米压痕方法在材料研究中的应用[J]. 材料导报，2011，25(13)：10-14.

[6] 马碧涛. 残余应力对压痕实验中压力-压痕深度曲线的影响[D]. 哈尔滨：哈尔滨工业大学，2007：7-13.

[7] XU Z H，LI X D. Residual stress determination using nanoindentation technique[M]. Micro and nano mechanical testing of materials and devices，Springer US，2008.

[8] 永泽. 微纳米压痕有限元仿真及压痕硬度计算方法研究[D]. 哈尔滨：哈尔滨工业大学，2011：1-19.

[9] OLIVER W C，PHARR G M. Measurement of hardness and elastic modulus by instrumented indentation：Advances in understanding and refinements to methodology[J]. Journal of materials research，2004，19(1)：3-20.

[10] ZHU L N，XU B S，WANG H D，et al. Determination of hardness of plasma-sprayed Fe Cr BSi coating on steel substrate by nanoindentation[J]. Materials Science and Engineering：A，2010，528(1)：425-428.

[11] XU Z H，LI X D. Influence of equal-biaxial residual stress on unloading behavior of nanoindentation[J]. Acta Materialia，2005，53：1913-1919.

[12] HUANG Y C，CHANG S Y，CHANG C H. Effect of residual stresses on mechanical properties and interface adhesion strength of SiN thin films[J]. Thin Solid Films，2009，517(17)：4857-4861.

[13] 赵翔，王峰会，王霞，等. 残余应力对固体氧化物燃料电池弹塑性性能的影响[J]. 无机材料学报，2011，26(4)：393-397.

[14] 朱丽娜. 基于纳米压痕技术的涂层残余应力研究[D]. 北京：中国地质大学，2003.

[15] 李果，巩建鸣，陈虎. 基于有限元法和纳米压痕技术的SS304/BNi-2/SS304钎焊接头残余应力分析[J]. 焊接学报，2010，31(7)：79-86.

[16] DUBOV A A. Diagnostics of boiler tubes with usage of metal magnetic memory[J]. Moscow：Energoatomizdat，1995：112-128.

[17] 任吉林，林俊明，任文坚，等. 金属磁记忆检测技术研究现状与发展前景[J]. 无损检测，2012，34(4)：3-11.

[18] 李晓萌,吕可非,李歌天,等. Q235 钢静拉伸时的磁记忆效应[J]. 物理测试,2013,31(5):10-13.
[19] 郭国明,丁红胜,谭恒,等. 铁磁性材料的力磁效应机理探讨与实验研究[J]. 测试技术学报,2012(5):369-376.
[20] 王正道,姚凯,沈恺,等. 金属磁记忆检测技术研究进展及若干讨论[J]. 实验力学,2012,27(2):129.
[21] 任吉林,刘海朝,宋凯. 金属磁记忆检测技术的兴起与发展[J]. 无损检测,2016(11):7-15,20.
[22] 胡磊,丁红胜,潘礼庆. PD3 型高铁钢轨力磁效应的有限元模拟[J]. 无损检测,2014(3):25-29.
[23] 陈磊,胡磊,刘波,等. 无缝钢轨静态拉伸的漏磁效应试验研究[J]. 物理测试,2014,32(4):15-19.
[24] 黄海鸥,姚结艳,刘儒军,等. 基于金属磁记忆技术的车轿桥壳损伤检测[J]. 电子测量与仪器学报,2014,28(7):770.
[25] DUOBV A A, Kolokolnikov S. Application of the metal magnetic memory method for detection of defects at the initial stage of their development for prevention of failures of power engineering welded steel structures and steam turbine parts[J]. Welding in the World, 2014, 58(2):225-236.
[26] DUOBV A A, Kolokolnikov S. The metal mangetic memory method application for online monitoring of damage development in steel pipes and welded joints specimens[J]. Welding in the World, 2013, 57(1):123-136.
[27] DUOBV A A. Development of a mental mangetic memory method[J]. Chemical and Petroleum Engineering, 2012, 47(4):837-839.
[28] 徐坤山,姜辉,仇性启,等. 金属磁记忆检测中测量方向和提离值的选取[J]. 磁性材料及器件,2016,47(4):41.
[29] 高庆敏,丁红胜,刘波. 金属磁记忆信号的有限元模拟与影响因素[J]. 无损检测,2015,37(6):86.
[30] 徐海波,樊建春,李彬. 金属磁记忆检测技术原理及发展概述[J]. 石油矿场机械,2007,36(7):14.
[31] 任吉林,邓胤,刘海朝,等. 二维磁记忆检测仪器的研制与试验研究[J]. 南昌航空大学学报,2014,28(4):43.
[32] 刘明珠,杨从晶. 巴克豪森噪声在应力及疲劳损伤检测上的应用[J]. 哈尔滨理工大学学报,2001,6(1):73-76.
[33] BARKHAUSEN H. Two phenomena revealed with the help of new amplifiers[J]. Phys. Z, 1919, 29(6):401-403.
[34] 卢诚磊,倪纯珍,陈立功. 巴克豪森效应在铁磁材料残余应力测量中的应用[J]. 无损检测,2005,27(4):176-178.
[35] 王威. 几种磁测残余应力方法及特点对比[J]. 四川建筑科学研究,2008,34(6):74-76.
[36] 王树志,任学冬,乔海燕,等. 铁磁性材料表面残余应力巴克豪森效应的评价[J]. 无损检测,2013,35(6):26-28.
[37] SORSA A, LEIVISKÄ K, SANTA-AHO S, et al. Quantitative prediction of residual stress and hardness in case-hardened steel based on the Barkhausen noise measurement[J]. Ndt & E International, 2012, 46:100-106.
[38] 祁欣,陈滨. 铁磁材料内应力、硬度、组织对巴克豪森噪讯的影响[J]. 哈尔滨工程大学学报,1999,20(1):94-97.

[39] YELBAY H I, CAM I, GÜR C H. Non-destructive determination of residual stress state in steel weldments by Magnetic Barkhausen Noise technique[J]. NDT & E International, 2010, 43(1): 29-33.

[40] STEWART D M, STEVENS K J, KAISER A B. Magnetic Barkhausen noise analysis of stress in steel[J]. Current Applied Physics, 2004, 4(2-4): 308-311.

[41] 尹何迟,颜焕元,陈立功,等.磁巴克豪森效应在残余应力无损检测中的研究现状及发展方向[J].无损检测,2008,30(1):34-36.

[42] 文西芹,刘成文.基于逆磁致伸缩效应的残余应力检测方法[J].传感器技术,2002,21(3):42.

[43] CALKINS F T, FLATAU A B, DAPINO M J. Overview of magnetostrictive sensor technology [J]. Journal of Intelligent Material Systems and Structures, 2007, 18(10): 1057-1066.

[44] 曾杰伟,苏兰海,徐立坪,等.逆磁致伸缩效应钢板内应力检测技术研究[J].机械工程学报,2014,50(8):17-22.

[45] 姜保军.磁测应力技术的现状及发展[J].无损检测,2006,28(7):362-366.

[46] 孟广喆,贾安东.焊接结构强度和断裂[M].北京:机械工业出版社,1986.

[47] 王者昌.关于焊接应力应变问题的再探讨[J].焊接学报,2006,27(8):108-112.

[48] 刘丹.激光超声激励与检测技术研究[D].太原:中北大学,2015.

[49] 侯静.基于小波包分析的激光超声缺陷信号处理方法研究[D].太原:中北大学,2017.

[50] 苏纯.激光超声缺陷信号识别技术研究[D].太原:中北大学,2015.

[51] 刘辉.激光超声表面缺陷检测机理研究[D].太原:中北大学,2014.

[52] 王湛.基于激光超声的材料厚度检测方法研究[D].南京:南京航空航天大学,2017.

[53] 陈清明,蔡虎,程祖海,等.激光超声技术及其在无损检测中的应用[J].激光与光电子学进展,2005,42(4):53-57.

[54] 罗瑞灵,陈立功,刘毅萍.电磁超声换能器在残余应力超声测量中的应用[J].无损检测,1998,20(11):316-319.

[55] 潘永东,钱梦騄,徐卫疆,等.激光超声检测铝合金材料的残余应力分布[J].声学学报(中文版),2004,29(3):254-257.

[56] 钱梦騄.激光超声学的若干进展[J].声学技术,2002,21(1/2):19-23.

[57] 钱梦騄.激光超声检测技术及其应用[J].上海计量测试,2003,30(3):4-6.

[58] 马子奇.基于临界折射纵波声弹性效应的平面应力测量理论和方法[D].哈尔滨:哈尔滨工业大学,2014:5-12.

[59] 徐春广,宋文涛,刘帅,等.铝合金残余应力超声无损检测与原位调控技术[J].宇航材料工艺,2015(增刊):5-11.

[60] BRAGG W L. The diffraction of short electromagnetic waves by a crystal[J]. Proceedings of the Cambridge Philosophical Society. 1913, 17(43): 4-13.

[61] GAO Y K. Theory and application of surface integrity[M]. Beijing: Chemical Industry Press, 2014: 29.

[62] GUINEBRETIERE R. Diffraction des rayons X sur échantillons polycristallins[M]. Hermès, 2002.

[63] 徐勇,范小红. X射线衍射测试分析基础教程[M]. 北京：化学工业出版社,2013.

[64] 祝鹏飞. X射线检测 7N01 铝合金残余应力参数优化[D]. 成都：西南交通大学,2018.

[65] SASAKI T. New Generation X-Ray Stress Measurement Using Debye Ring Image Data by Two-Dimensional Detection [C]//Switzerland: Materials Science Forum. Trans Tech Publications Ltd, 2014.

[66] 陈忠安,孙国超,赵玉津,等. 环芯法测定残余应力适用范围的拓展[J]. 机械工程材料,2015,39(12)：47-50.

[67] 张景忠,吕洪岱,郁红,等. 环芯法测定残余应力的基本原理及其应用[J]. 一重技术,1997(3).

[68] 王桂芳,陈惠南. 环芯法 A,B 释放系数的有限元计算[J]. 机械强度,1992(4).

[69] 陈忠安,孙国超,赵玉津,等. 环芯法测定残余应力适用范围的拓展[J]. 机械工程材料,2015,39(12)：47-50.

[70] 吴立夫,张宝鸽,霍成民,等. 基于云纹干涉技术的环芯和切槽残余应力测量方法的实验研究[J]. 中国科学：技术科学,2015(5)：503-511.

[71] MARTHAR J. Determination of initial stresses by measuring the deformation around drilled holes [J]. Iron & Steel, 1934(56)：249-254.

[72] 王庆明,孙渊. 残余应力测试技术的进展与动向[J]. 机电工程,2011,28(1)：11-15.

[73] 中国船舶工业总公司. 残余应力测试方法钻孔应变释放法：CB 3395—92[S]. 北京：中国标准出版社,1992.

[74] 李荣峰,陈怀宁,吴益文,等. 金属材料残余应力测定钻孔应变法：GB/T 31310—2014[S]. 北京：中国标准出版社,1992.

[75] 陈岚树,董军,彭洋,等. 用于残余应力现场检测的 DIC-盲孔法研究进展[J]. 建筑钢结构进展,2014,16(3)：37-44.

[76] 陆才善. 残余应力测试小孔释放法[M]. 陕西：西安交通大学出版社,1991.

[77] 巴发海,李凯. 金属材料残余应力的测定方法[J]. 理化检验(物理分册),2017(11)：5-11.

[78] WITHERS P J, BHADESHIA H K. Residual stress. Part 1 — Measurement techniques[J]. Materials Science and Technology, 2001, 17(4)：355-365.

[79] 张晓宏,赵海燕,蔡志鹏,等. 小孔法测量残余应力时孔边塑性应变的有限元分析及修正[J]. 机械工程学报,2005,41(3)：193-200.

[80] NAGY W, VAN PUYMBROECK E, SCHOTTE K, et al. Measuring Residual Stresses in Orthotropic Steel Decks Using the Incremental Hole-Drilling Technique [J]. Experimental Techniques, 2017, 41(3)：215-226.

[81] 甘世明,韩永全,陈芙蓉. 钻孔法测量焊接残余应力误差因素分析[J]. 焊接学报,2018,39(10)：52-57, 135.

[82] 陈禹锡,高玉魁. Ti_2AlNb 金属间化合物喷丸强化残余应力模拟分析与疲劳寿命预测[J]. 表面技术,2019(6)：167-172.

3 残余应力的消除与调控

3.1 超声冲击

超声冲击技术是金属材料冷加工中具有发展前景的制造加工工艺之一，这项技术被广泛应用在工业制造的行业当中，如航空航天、船舶、机械加工、汽车制造、桥梁和铁路等，原因是这些产品需要较高强度、较高疲劳寿命、较强的抗腐蚀和抗磨损性能。超声冲击技术是在低应力幅高频率条件下，将振动传递到冲击针，利用冲击针快速击打金属材料的表面，从而使近表面获得 100～200 μm 深度的塑性变形层，可以显著提高表面的强度、硬度、抗腐蚀和抗磨损性能。材料发生严重塑性变形后，大尺寸的晶粒被撞针破坏，晶粒被粉碎细化，有效消除了表面的残余拉伸应力并转化为有益的压缩应力。大量研究表明，超声冲击作为一种表面改性技术可提高焊接结构的疲劳寿命，原因是冲击处理改善了焊趾表面形貌，消除了残余应力，减少了应力集中，减少了裂纹从焊趾萌生的倾向[1-3]。

2007 年，国际焊接疲劳协会对钢材和铝材焊后提高接头疲劳强度的方法提出了钨极惰性气体保护(TIG)熔修、锤击、喷丸和超声冲击等若干措施。TIG 熔修将焊缝金属沿焊趾重新熔化消除熔渣楔块与咬边等焊接缺陷，改善了焊趾外形，提高疲劳寿命，处理效果较好。但是闫忠杰等[4]对高速列车用 7N01 铝合金 TIG 熔修后并没有提高寿命，相反 TIG 熔修并不能有效精确控制，处理不当反而会引入新的焊接缺陷。喷丸处理是表面改性中有效的处理方式，由于其工作原理，它的应用一般局限于表面平滑的板材，对于焊缝并不适用。锤击冲击提高焊接接头疲劳性能的原理是在焊趾部位反复冲击会引入残余压应力，优点是使用方便、成本较低，缺点是可控性较差、效果不够稳定、质量不易保证；执行机构重、劳动强度大；处理效率低、噪声大[5,6]。超声冲击技术相比而言具有适用性大、操作方便、冲击效果好等优点，相比锤击和针式而言，超声冲击的超高频振动可较快地引入有益的残余压应力，冲击针的方向和角度便于控制，冲击后的质量易得到保证[7-10]。

超声冲击设备发展成熟是在 20 世纪 70 年代，Statnikov 等[11]在针式冲击的基础上发明了超声冲击方法并取得相关专利，利用磁致伸缩振动系统取代了原有压电式超声振动系统。原理是利用超声波的高频使冲击头剧烈振动，在很短的时间内进行上万次的冲击，使被接触的金属表面发生严重的塑性变形层，表层晶粒纳米化可显著提高材料的表面强度。超声冲击的设备装置图如图 3-1 所示，超声冲击装置由功率超声波发生器和执行机构构成。功率超声波发生器的主要功能包括输出一定功率和频率的交流电并配有振速和频率跟踪系统；执行机构即超声冲击枪包括换能器、变幅杆和冲击针三大部分[12, 13]，如图 3-2 所示。超声冲击执行装置是利用大功率超声波作为驱动力，基于磁致伸缩或者压电伸缩的换能器将电能转化为高频率的振幅，并通过变幅器放大/聚能后驱动冲击针撞击金属材料表面。超声冲击设备的工作频率是 20～55 kHz，振动幅度是20～50 μm[14]。

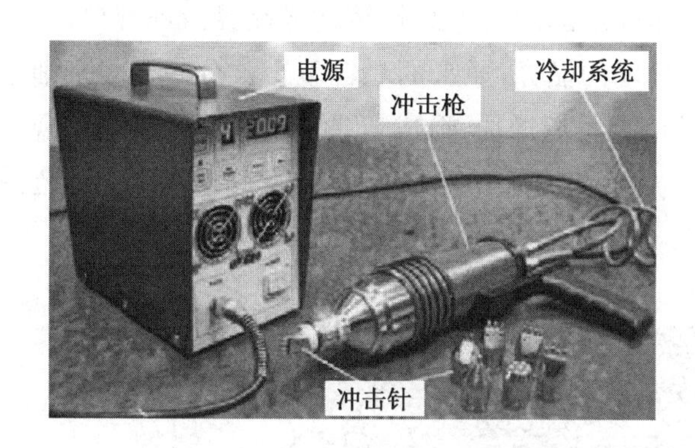

图 3-1 超声冲击装置图

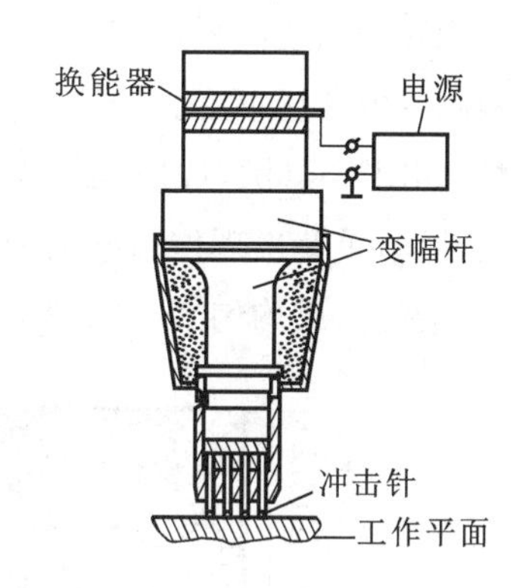

图 3-2 冲击枪装置图

超声冲击的方法是通过调整合适的电流，双手轻抚冲击枪，冲击针头对准需要冲击加工的部位，施加一定的压力，冲击枪倾斜一定的角度或者垂直放置，使冲击过程在其略大于自重条件下完成。此外，冲击焊趾时为了保证获得理想的焊趾过渡圆弧外形，冲击枪可沿焊趾两侧做小幅度的摆动，每道焊趾均需多次冲击处理。

研究表明：经过超声冲击高强度的冲击，表面组织被严重破坏，发生严重的塑形性变形，近表面因为晶粒的细化会出现不同程度的纳米结构层，显著提高了材料表层组织力学性能[15, 16]。Zhao 等[17]对超声冲击后 35 碳钢表层纳米化进行研究，研究对比超声冲击时间分别为 15 min，30 min，60 min，发现塑性变形层深度从 30 μm 增加到 100 μm，高分辨率 TEM 观察最表层晶粒尺寸达到 10 nm。朱有利等[18]研究超声冲击对 2A12 铝合金表层组织的影响，试验表明超声冲击引起表面强烈的塑性变形，晶粒尺寸明显减小，近表面组织已经看不出明显的宏观晶粒特征。何柏林等[19]研究发现超声冲击对表层组织细化的原因是晶内位错线缠结形成位错墙并分割原始晶粒达到细化晶粒的作用。Panina 等[20]研究了工业纯钛在超声冲击处理后表面晶粒细化的机理，试验利用 EBSD 分析冲击过后的试样经打磨光滑后侧面的组织，距离表层 200 μm 范围内的金属组织受到冲击针强烈作用晶粒被破坏，近表面晶粒细化，冲击层表面的位错密度超过了 $10 \sim 11\ m^{-2}$。

图 3-3 为经过超声冲击处理后表层组织晶粒细化的示意图。超声冲击技术利用高

频率高强度的冲击针碰撞被冲击表面，近表面晶粒受到力的作用产生较大的宏观塑性变形；冲击层表面出现一定深度的凹陷，近表面冲击层组织致密度高且晶粒细小，尺寸可达到纳米级，距离表层越远，晶粒尺寸变大，逐渐接近原始尺寸。若材料表面及次表面存在气孔、微裂纹等缺陷，通过超声冲击可将其“焊合”。在超声冲击处理过程中，近表面组织发生严重的塑性变形，原始粗晶粒内出现大量的位错，随着冲击时间的增加，位错之间不断发生增殖、滑移、重排、湮灭。位错线大量交缠形成位错墙分割原来的晶粒，出现胞状的结构，称为“位错胞”。位错墙和位错缠结吸收更多的位错，从而转变为取向不同的小角度晶界，如图 3-4(a)所示。由于大量位错增殖、滑移、湮灭、重排不断进行，越来越多的位错堆积在小角度晶界，同时伴随着相邻细晶间发生晶粒转动或晶界滑动现象，小角度晶界两侧的取向逐渐变大，转变为大角度的晶界，原来的晶粒就会被分割为多个细小的亚晶粒，如图 3-4(b)，(c)所示。随着应变量的增加，形成亚晶粒的内部会因为出现大量的位错堆积，重新出现位错缠结和位错墙，在不断重复的过程中，亚晶会在更小的范围内更细化，最终形成均匀细小的纳米晶。

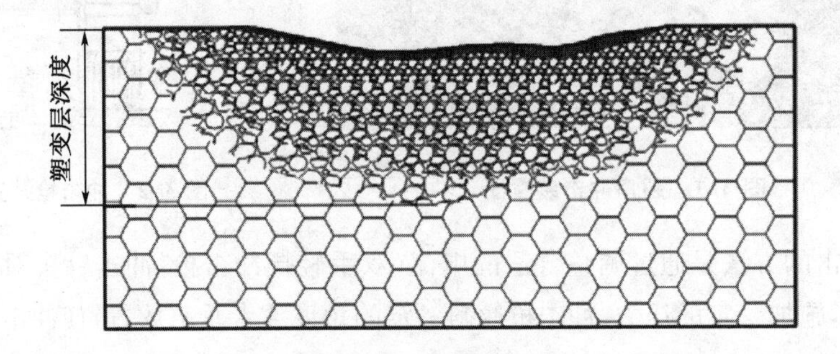

图 3-3　超声冲击表层组织细化作用

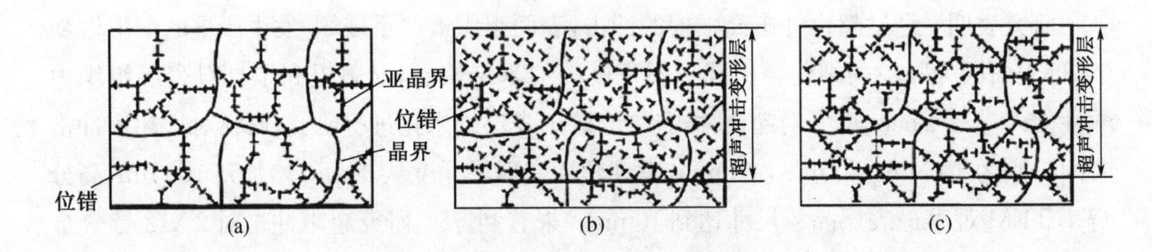

图 3-4　超声冲击表面纳米化机理示意图

Yang 等[21]利用 GTN 塑性损伤有限元模型分析超声冲击对 304 不锈钢表面残余应力的影响。研究表明：超声冲击可引入残余压应力，冲击层获得的最大残余压应力是距离冲击表面 0.2 mm 处。当冲击速度从 3 m/s 提高到 5 m/s 时，冲击层最大残余压应力从−320 MPa 提高到−370 MPa，冲击深度由 0.65 mm 增加到 0.85 mm。Ganiev 等[22]发现，超声冲击引入的残余压应力存在于塑性变形层内比较狭窄的区域，区域的深度与表层晶粒被冲击针破坏的深度一致。谢国福等[23]利用超声冲击对无应力 304 L 试板强化处理后，板材表面形成幅值达 250 MPa 分布均匀的压缩应力，冲击后焊接接头的残余拉应力转变为残余压应力。研究学者主要应用位错理论来解释超声冲击改善焊接残余应力的机理。微观结构中不同位错排列造成不同的残余应力分布，位错越密集，即位错密度越大，说明对应的应力分布越集中。焊趾处受到组织和结构的影响存在高密度不稳定的位错，表层组织在冲击针高频能量和冲击应力作用下发生塑性变形，高峰值应力区将发生局部屈服，从而降低峰值。表层金属发生塑性变形的同时伴随有大量位错移动和重排，位错区域由高能态高密度向低能态发展，相对应的残余应力也会得到重新分布，宏观表现为拉伸应力的减少或压缩应力的增大。

超声冲击技术具有 20～55 kHz 的极高频率，工作效率高、执行结构简单、冲击方便、强化效果好。超声冲击处理后近表面组织致密，发生严重塑性变形，表面晶粒细化程度高，甚至可达到纳米级，表层晶粒的细化显著提高了材料表面的硬度和耐磨损的能力。超声冲击过程中强烈的冲击作用导致塑性层出现大量位错，位错不断运动，重复发生增殖、滑移、湮灭和重排，位错线缠结逐渐发展为位错墙，位错缠结不断吸收产生的位错交割原来的晶粒，形成“位错胞”；分割位错胞的位错缠结和位错墙逐渐发展为小角度晶界，由于位错的不断运动，小角度晶界大量位错塞积，两侧取向不断变大，逐渐发展为大角度的晶界，此时原来的晶粒已经被分割成多个亚晶粒；随着冲击过程的进行，亚晶粒内部同样出现大量位错，位错开始缠结并形成位错胞，不断重复以上过程，最表层的组织逐渐形成取向不规则、细小的纳米晶，提高了材料表面的强度，释放了材料表面的残余拉应力，引入有益的压应力。超声冲击提高焊接接头疲劳寿命的原因除了出现塑性变形区显著提高组织性能及“焊合”部分组织缺陷外，冲击处理后焊趾区域形成深度为 0.2～0.6 mm，宽度为 3～6 mm 的圆弧过渡，这极大减少了应力集中的影响。超声冲击引入了有益的残余压应力，可防止早期疲劳裂纹从焊趾处开裂，从而使工件的寿命得到延长。

焊接是一个不均匀受热过程，焊接过程中由于焊接接头局部受热又快速冷却，焊件中不可避免产生残余应力[24]。焊接残余应力的峰值常常达到甚至超过材料的屈服强度[25]，易造成接头各种裂纹，降低接头的应力腐蚀能力，显著影响焊接结构的疲劳性能和服役寿命[26]，因此，需加以消除。超声冲击是目前国内外比较流行的消除焊接残余应力方法，它是利用超声波振动驱动冲击针高速撞击工件表面，使工件表面产生塑性变形的一种技术[27]，能够有效消除焊缝表面残余拉应力，引入残余压应力，提高焊接构件疲劳寿命[28]。

目前，超声冲击消除应力研究集中于焊后表面冲击[29-32]，而焊接过程中对焊接接头内部道层或各层冲击研究较少，内部道层或各层冲击对接头表面残余应力有何影响值得关注。本节以 12 mm 厚 Q235 焊接试板为研究对象，焊接过程中分别采用内部道层冲击、各层均冲击以及焊后表面冲击的方式进行处理，研究不同超声冲击方式对焊接接头表面残余应力的影响。

以 12 mm 厚 Q235 焊接试板为研究对象，试板规格 200 mm×300 mm×12 mm，试板屈服强度 255 MPa，抗拉强度 380 MPa。焊接方法采用手工电弧焊，焊接设备为 OTC VR TP400，采用 J507 焊条。V 形坡口，坡口角度 60°，钝边 1 mm。焊接层序如图 3-5 所示，各层序焊接工艺参数如表 3-1 所示。以相同工艺参数分别焊接 4 组试板，编号为 A，B，C，D。

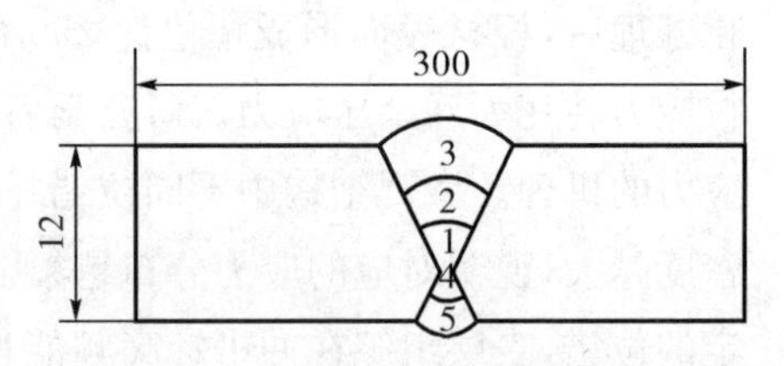

图 3-5　焊接层序(单位：mm)

表 3-1　焊接工艺参数

焊接层序	焊条直径/mm	焊接电流/A
1	3.2	120
2	4.0	165
3	4.0	165
4	3.2	120
5	4.0	165

采用超声冲击对试板处理，不同试板采用不同的冲击方式，各试板超声冲击方式如表 3-2 所示。试板 A 不进行超声冲击处理；试板 B 在焊接中对打底层和填充层进行全覆盖冲击；试板 C 在焊接中对各层均全覆盖冲击；试板 D 焊后覆盖局部盖面层及母材进行冲击。

表 3-2　各试板超声冲击方式

焊接试板	冲击方式	冲击道次号	冲击强度/$(s \cdot cm^{-2})$
A	不冲击	—	—
B	打底和填充层冲击	1，2，4	5
C	各层均冲击	1～5	5
D	焊后表面冲击	3	10(5)

超声频率为 20 kHz，枪头为多针头，冲击针直径 3 mm。打底层和填充层采用两针头冲击，盖面层采用四针头。定义单位面积内的冲击时间为冲击强度，单位 s/cm^2。试板 B，C 冲击强度选用 5 s/cm^2，试板 D 焊缝区域冲击强度选用 10 s/cm^2，母材区域选用 5 s/cm^2。超声冲击过程如图 3-6 所示，冲击过程中枪头往返均匀摆动。

采用盲孔法分别对 4 组试板进行残余应力测试。钻孔直径 1.5 mm，孔深 2 mm，应变片型号为 TJ120-1.5-1.5。残余应力测试设备为 ZDL-Ⅱ型钻孔装置和 TS3862 应变仪。应力测试位置如图 3-7 所示。

图 3-6 试板超声冲击

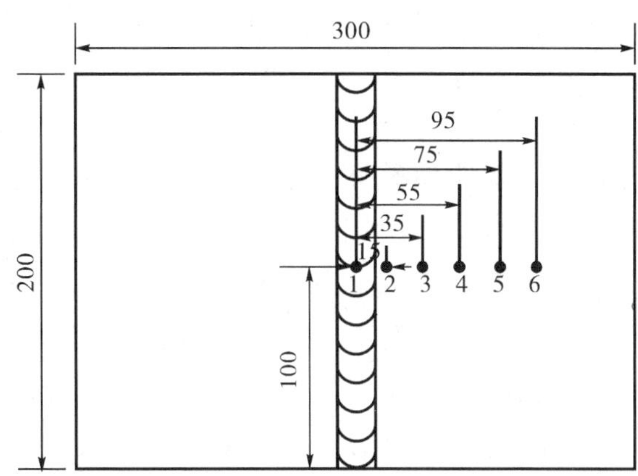

图 3-7 应力测试位置(单位：mm)

A,B,C 等 3 组试板的纵向、横向残余应力测试结果分别如图 3-8、图 3-9 所示。由图3-8、图 3-9 试板 A 残余应力结果可以看出,试板表面焊态残余应力分布特征是：焊缝及其附近区域纵向、横向应力为拉应力,远离焊缝区域为压应力,焊缝中心纵向应力较高,约 350 MPa,横向应力约 70 MPa。

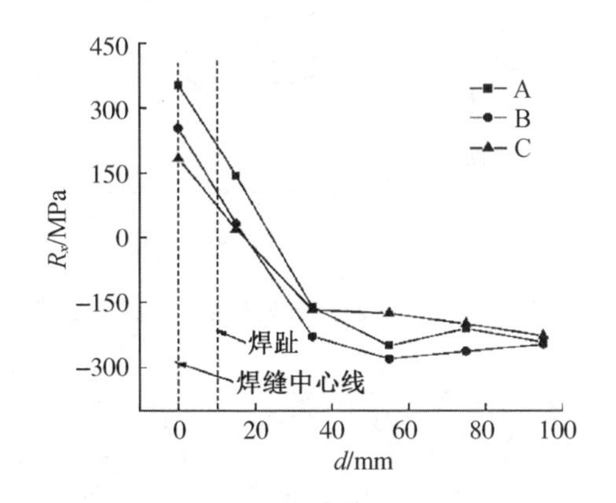

图 3-8 纵向残余应力测试结果

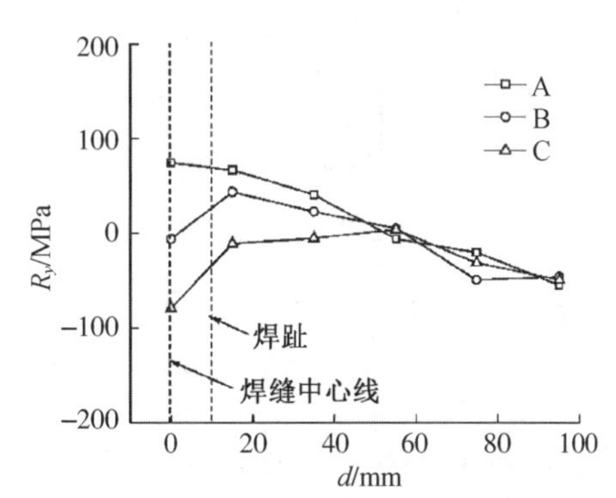

图 3-9 横向残余应力测试结果

对试板 B 进行打底层和填充层冲击后,焊缝区域拉应力明显降低。焊缝中心纵向应力由 350 MPa 降为 250 MPa,降低了约 100 MPa,消除率达 28%;焊缝中心横向应力由 70 MPa 约降为−5 MPa,形成了较小的压应力,消除率达 107%。比较试板 A, B 的残余应力结果,对内部道层进行冲击可以有效降低表面焊接残余应力,内部道层的冲击调整了焊接过程中的应力分布,后续盖面层焊接产生新的应力状态,最终形成的残余应力也较小。

比较试板 B, C 的残余应力结果,在各层均冲击的情况下,残余应力分布呈现拉应力、压应力较小的特征。盖面层的冲击使表面发生塑性变形,产生压应力,消除了部分拉应力,从而最终形成的拉应力较小。

由试板 A 的残余应力测试结果可知,表面焊态拉应力区域宽度距焊缝中心约 50 mm

宽(图 3-9),试板D采取了焊后覆盖拉应力区的表面冲击方式,冲击区域如图 3-10 所示(焊缝宽度 20 mm)。焊缝区域内冲击强度为 10 s/cm²,比试板 C 冲击强度高 1 倍,焊缝区域外母材区域采用冲击强度 5 s/cm²。冲击完后进行残余应力测试,试板 D 与 C 应力测试比较结果如图 3-11 所示。其中 σ_x 为平行于焊缝方向的纵向应力,σ_y 为垂直于焊缝方向的横向应力。由图 3-11 可以看出,试板焊缝区域冲击强度提高 1 倍后,焊缝区域表面拉应力降为压应力,形成的压应力为－200～－350 MPa,由于与焊缝相邻的母材区域在冲击前拉应力不高,在较小的冲击强度 5 s/cm² 下拉应力也变为了压应力。比较试板 C 和 D 的测试结果可知,通过提高冲击强度可以在表面获得较大的压应力。研究表明,超声冲击作用深度为 1.5～1.7 mm[33],试板 D 采用的是焊后表面冲击方式,改善了表面残余应力状态,试板 C 采用的是各道层均冲击方式,表面残余应力得到改善的同时,内部冲击对内部应力也将起到一定的作用,其作用贡献大小还有待于进一步研究。

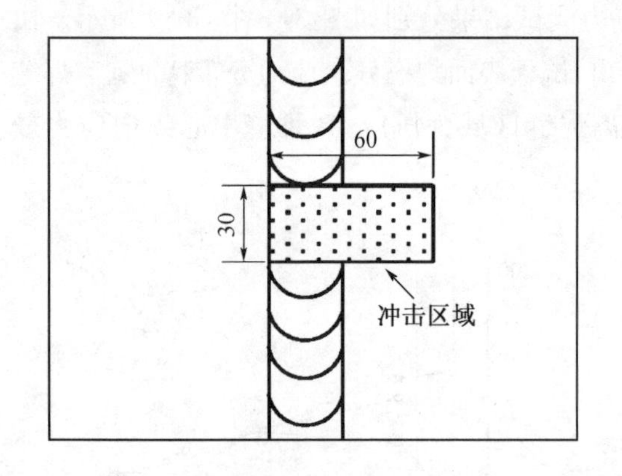

图 3-10　超声冲击区域(单位: mm)

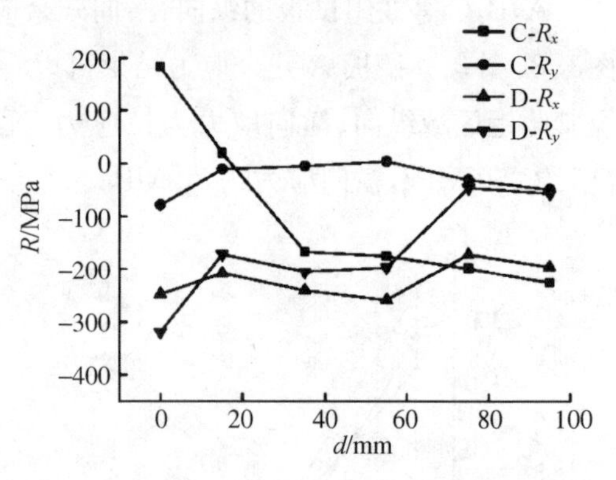

图 3-11　试板 C 和 D 残余应力测试结果

3.2　喷丸处理

喷丸强化作为一种广泛运用的表层改性技术,具有操作简便、强化效果好等优点,常用于提高疲劳强度和抗应力腐蚀开裂性能[34, 35]。图 3-12 为喷丸强化原理的示意图,喷丸过程中弹丸流经过喷嘴加速喷射,对靶材表面造成断续冲击。每接收一次弹丸的冲击,靶材表面便承受一次加载与卸载,可以等价于压-压脉动载荷[36]。在撞击结束后,由于材料内部的自平衡作用,在此脉动载荷作用下表层材料发生了循环塑性变形。经喷丸处理后,靶材表层是否一律发生硬化,往往由材料固有的循环塑性应变特性所决定。如果材料本身具有循环塑性硬化特性,喷丸后表层材料则发生循环应变硬化,即显微硬度增高,表

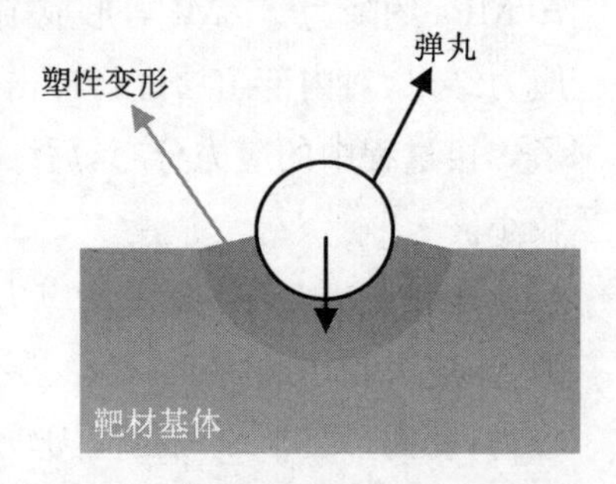

图 3-12　喷丸强化原理示意图

面形成一层压缩残余应力层[37]。残余应力是影响构件众多性能的重要因素，如零部件的静强度、抗疲劳强度、抗应力腐蚀性能，并且会影响最终成件形状尺寸的稳定性。而表层残余压应力的存在能够有效抵消部分零件表面的服役载荷，进而抑制表面微裂纹的产生，最终优化材料的疲劳性能。因此，研究经喷丸强化靶材内部残余应力场的变化规律及梯度分布，对指导航空工业生产中零部件表面改性技术的应用也具有重要意义。

喷丸强化，是在一个完全控制的状态下，将无数小弹丸(包括铸钢丸、不锈钢丸、玻璃丸、陶瓷丸)高速且连续喷射到零件表面，并使零件表层发生循环塑性变形，从而在零件表面产生强化层。喷丸示意图如图 3-13 所示，经过喷丸强化处理后，受喷体表层的组织结构也会发生一定的变化，如受喷体表层晶粒得以细化，当喷丸强度足够高时，甚至可以在表层产生纳米级别的晶粒[38]，位错密度增大[39]，晶格畸变增大，同时在零件表面引入宏观残余应力，表面形貌及粗糙度也会发生变化。喷丸也会对零件造成加工硬化，提高零件表面硬度。

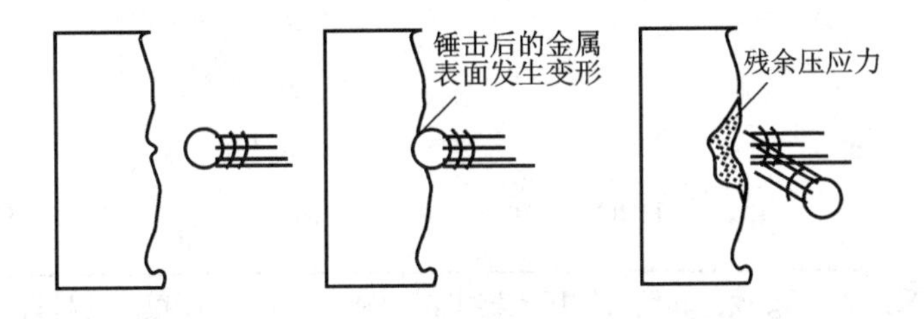

图 3-13 喷丸强化原理示意图

喷丸工艺常作为金属零件表面强化处理方法之一，在航空航天、汽车及船舶等工业得到广泛应用。喷丸强化可以显著提高材料的抗疲劳性能、抗高温氧化性能、抗应力腐蚀开裂性能。决定喷丸强化性能的主要因素有三点：表面残余压应力、表面加工硬化、表面粗糙度。喷丸处理对材料表面引入的残余压应力可以增强材料抗疲劳性能的作用已经获得认可，但是在表面粗糙度和加工硬化上没有达成一致。

喷丸强度用标准弧高度试片(即 ALMEN 片)表征，标准弧高度试片是测定喷丸强度的专用试片。标准试片有 3 种，分别用英文字母 N，A，C 表示，所用材料均为 70 号冷轧带钢，其尺寸参数及技术要求按表 2-1 的规定。例如，0. 15 mmN 即为使 N 试片变形后的弧高度为 0. 15 mm 所对应的喷丸强度；0. 15 mmA 即为使 A 试片变形后的弧高度为 0. 15 mm 所对应的喷丸强度，其中 0. 15 mmA 大约为 0. 15 mmN 的 3 倍。

不同的喷丸工艺参数对强化效果的影响也是不同，喷丸强化效果主要采用晶粒细化层的深度和残余应力的大小来表征。为了表征弹丸尺寸、弹丸速度、喷射角度及材料硬度、密度等因素的影响，沙维林提出以下计算公式[40]：

$$\delta = K\frac{DV\mathrm{Sin}\,\alpha}{\sqrt{H_{\mathrm{M}}}} \tag{3-1}$$

式中　δ——硬化层有效深度；

D——弹丸直径；

V——弹丸喷射速度；

α——弹丸与受喷体表面的夹角；

H_M——受喷体金属材料的冲击硬度；

K——比例系数。

从式(3-1)可以看出，弹丸直径和喷射速度对喷丸效果的影响最大，喷射角度为90°时强化效果最明显。

表3-3　喷丸试片参数

项目名称	试片代号		
	N	A	C
厚度/mm	0.8±0.025	1.3±0.025	2.4±0.025
宽×长/(mm×mm)		$19^{0}_{-0.1}\times(75\pm0.2)$	
平面度公差/mm		±0.025	
表面粗糙度/μm		R_a1.6	
表面硬度	HRC 73-76	HRC 44-50	HRC 44-50

注：HRC是采用150 kg载荷和钻石锥压入器求得的硬度，用于硬度很高的材料(如淬火钢等)。

对于残余应力与喷丸之间的关系，高玉魁等[41]在研究不同喷丸工艺对钢材表层产生的表面残余应力σ_{suf}和最大残余应力σ_{max}的基础上提出，临界喷丸规范下的σ_{suf}与材料的屈服强度呈线性关系，与材料的抗拉强度呈线性关系，给出如下的经验公式：

$$\sigma_{suf}=114+0.563\sigma_s \tag{3-2}$$

$$\sigma_{max}=147+0.567\sigma_b \tag{3-3}$$

式中，σ_s和σ_b分别为材料的屈服强度和抗拉强度，单位均为MPa。

在高玉魁等[42, 43]分析高强度钢在各种喷丸技术下的基础上提出，喷丸强度f与受喷体表面的残余应力σ_{suf}、最大残余应力σ_{max}、强化深度ξ_0以及最大残余应力深度ξ_{max}之间的关系。喷丸强度越大，则强化深度和最大残余应力深度数值也越大，表面残余应力反而越小；当喷丸强度相同时，弹丸直径D越大，则强化深度和最大残余应力深度数值越小。并给出了强化深度和最大残余应力深度之间的经验公式：

$$\xi_{max}=0.24\xi_0 \tag{3-4}$$

研究表明，喷丸处理后残余压应力场深度与喷丸强度呈线性关系，当喷丸强度增大时，一般压应力场深度也随之增大[44, 45]。

为了研究适用于核电级锆合金包壳管喷丸工艺，探索优化喷丸工艺参数，研究喷丸处理对锆合金残余应力场的影响，现对锆合金包壳管分别采用 9 种不同的喷丸工艺，如表 3-4 所示，实验对象为 ZIRLO 合金，合金成分为 1.0%(质量分数)Sn，1.0%Nb，0.1% Fe，其余为锆。

表 3-4　　不同喷丸处理的工艺参数

编号	丸料	型号	弹丸直径/mm	喷丸强度	覆盖率/%
1	不喷丸	—	—	—	—
2	玻璃丸	AGB35	0.30～0.42	0.18 mmN	200
3	不锈钢切丸	AGS14	0.36	0.18 mmN	200
4	不锈钢切丸	AGS14	0.36	0.30 mmN	200
5	不锈钢切丸	AGS14	0.36	0.15 mmA	200
6	不锈钢切丸	AGS20	0.51	0.20 mmA	200
7	不锈钢切丸	AGS20	0.51	0.15 mmA	200
8	铸钢丸	S230	0.50～1.00(0.6)	0.25 mmA	200
9	铸钢丸	S230	0.50～1.00(0.6)	0.40 mmA	200

包壳管总长 270 mm，直径约为 10 mm，壁厚约为 0.57 mm。试验将包壳管分成9 份，每份长度为 30 mm，将其编号 1—9 号，分别对应的喷丸工艺如表 3-4 所示。其中1 号试样为原始试样，没有经过喷丸处理；2 号试样为玻璃丸喷丸试样，弹丸型号为 AGB35，弹丸直径为 0.30～0.42 mm，喷射角度为 90°，喷丸强度为 0.18 mmN，覆盖率为 200%；3 号试样为不锈钢切丸喷丸试样，弹丸型号为 AGS14，弹丸直径为 0.36 mm，喷射角度为 90°，喷丸强度为 0.18 mmN，覆盖率为 200%；4 号试样为不锈钢切丸喷丸试样，弹丸型号为 AGS14，弹丸直径为 0.36 mm，喷射角度为 90°，喷丸强度为 0.30 mmN，覆盖率为 200%；5 号试样为不锈钢切丸喷丸试样，弹丸型号为 AGS14，弹丸直径为 0.36 mm，喷射角度为 90°，喷丸强度为 0.15 mmA，覆盖率为 200%；6 号试样为不锈钢切丸喷丸试样，弹丸型号为 AGS20，弹丸直径为 0.51 mm，喷射角度为 90°，喷丸强度为 0.15 mmA，覆盖率为 200%；7 号试样为不锈钢切丸喷丸试样，弹丸型号为 AGS20，弹丸直径为 0.51 mm，喷射角度为 90°，喷丸强度为 0.15 mmA，覆盖率为 200%；8 号试样为铸钢丸喷丸试样，弹丸型号为 S230，弹丸直径为 0.50～1.00 mm，其中以直径为 0.6 mm 的铸钢丸为主，喷射角度为 90°，喷丸强度为 0.25 mmA，覆盖率为 200%；9 号试样为铸钢丸喷丸试样，弹丸型号为 S230，弹丸直径为 0.50～1.00 mm，其中以直径为 0.6 mm 的铸钢丸为主，喷射角度为 90°，喷丸强度为 0.40 mmA，覆盖率为 200%。喷丸设备采用罗斯勒(ROSLER)喷丸设备，如图 3-14 所示。

目前，常用的X射线衍射残余应力分析方法有一维线探 $\sin^2\alpha$ 法和二维面探 $\cos\alpha$ 法，如表3-5所示，两台装置就是基于这两种原理的X衍射残余应力测试仪。

表3-5　锆合金衍射参数

材料	靶	衍射晶面	2θ
Zr	FeKα	(213)	147°

由于X射线衍射仪只能测量金属材料表面的应力，测量深度大约为10 μm，所以要得到不同深度的残余应力数值，必须对材料进行剥层处理。要求材料的剥层处理不能对喷丸过后形成的应力场产生影响，所以机械抛光不可取，本节采取电解抛光法。

图3-14　罗斯勒(ROSLER)喷丸设备

由于锆合金耐腐蚀，把NaCl饱和溶液作为腐蚀液的腐蚀效果不佳，腐蚀过程中采用进口腐蚀液，腐蚀效率大大提高。腐蚀过程中的难点在于腐蚀时间和腐蚀深度的关系并不是简单的线性关系，主要原因有以下三点：

(1) 由于锆合金包壳管在常温条件下会在表面产生一层薄薄的氧化膜，这种氧化膜会提高锆合金的抗腐蚀性能，所以表层和内部的腐蚀时间会不同。

(2) 由前人的研究可知，喷丸过后的晶粒会细化，而晶粒的细化程度随深度也不同，细化后的晶粒对抗腐蚀性能也会有一定的影响。

(3) 喷丸过后试样的残余应力随深度也不同，而试样中压应力的大小对腐蚀速率也有一定的影响。

试验采用X射线衍射仪测量残余应力，锆合金的衍射参数如表3-5所示，测试对象为锆合金，选用Fe靶，锆合金晶体的衍射晶面选择为(213)，衍射角 2θ 为147°。采用电解抛光方法测试残余应力梯度，电解抛光会导致残余应力松弛，因此需要对测定的应力进行一定的修正，修正公式如下：

$$\sigma(z_1)=\sigma_{\mathrm{m}}(z_1)-4\left(\frac{H-z_1}{H}\right)\sigma_{\mathrm{m}}H \tag{3-5}$$

锆合金管材喷丸处理工艺参数及残余应力测试结果分别如表3-4、表3-6所示，将表面残余应力、最大残余应力及其深度和压应力影响层与喷丸工艺参数建立联系，如图3-16所示，为统一量纲方便发现规律，现将试验数据作如下处理：图中0.45 mmN对应着0.15 mmA，0.6 mmN对应着0.2 mmA，0.75 mmN对应着0.25 mmA，1.2 mmN对应着0.4 mmA。

表 3-6 不同喷丸处理的残余应力

编号	表面残余应力/MPa		最大残余应力/MPa及其深度/μm		压应力影响层/μm	
	轴向	切向	轴向	切向	轴向	切向
1	−277	−250	−277(0)	−250(0)	10	10
2	−341	−256	−381(130)	−413(10)	350	350
3	−387	−260	−417(60)	−476(10)	430	430
4	−339	−235	−364(110)	−292(110)	420	420
5	−305	−225	−518(190)	−414(20)	460	460
6	−475	−357	−547(20)	−425(80)	460	460
7	−320	−201	−531(110)	−369(60)	460	460
8	−372	−273	−574(160)	−376(180)	460	460
9	−206	−186	−485(180)	−435(300)	460	460

从图 3-15 中可以看出，随着喷丸强度的增加，试样表面切向的残余压应力数值始终低于轴向残余压应力，但是二者的变化趋势基本一致。当喷丸强度在 0.15 mmA 以内时，试样表面切向的残余压应力对喷丸强度的提高不是很敏感，而试样表面轴向的残余压应力变化较为明显。由此可见，采用 ZIRLO 锆合金管材轴向残余应力来分析喷丸强化工艺参数对残余应力场影响更加准确。

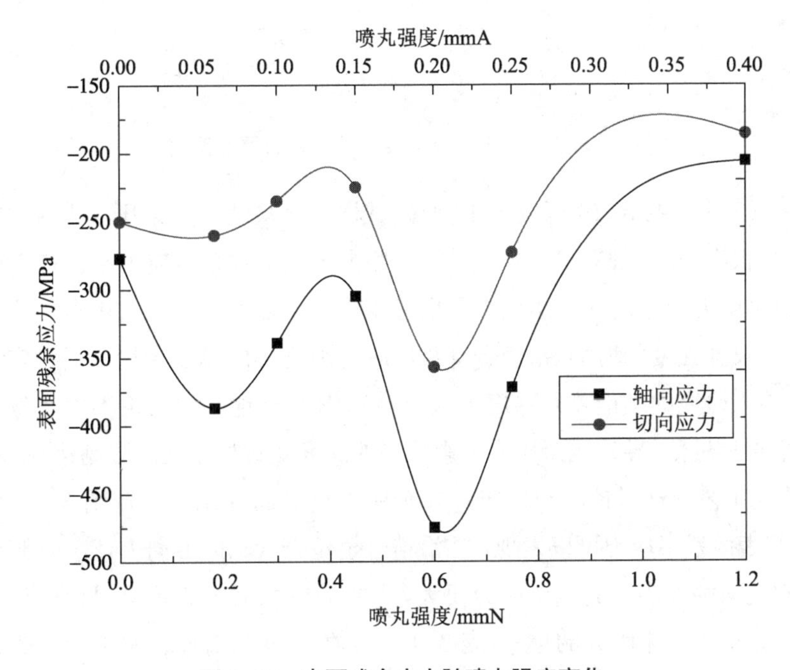

图 3-15 表面残余应力随喷丸强度变化

从图 3-15 中可以看出，在保证其他条件不变的前提下，喷丸强度逐步增加，从 0.18 mmN 增加到 0.30 mmN，再增加到 0.15 mmA 时，表面残余应力是随着喷丸强度的增加而减小；喷丸强度从 0.20 mmA 先增加到 0.25 mmA，再增加到 0.40 mmA 的过程中，表面残余应力仍然是随着喷丸强度的增加而减小。出现这种在较高喷丸强度处理后表面残余应力反而低于较低喷丸强度处理后试样表面残余应力的现象，是因为试样表面经弹丸多次撞击后发生了塑性流变，从而导致部分应力释放。当喷丸强度从 0.15 mmA 增加到 0.20 mmA 时，表面残余压应力会有所提高，这和之前的结论（喷丸强度越大，表面残余压应力数值越小）不一致，主要原因是二者的弹丸类型以及弹丸尺寸的改变等影响因素造成的。

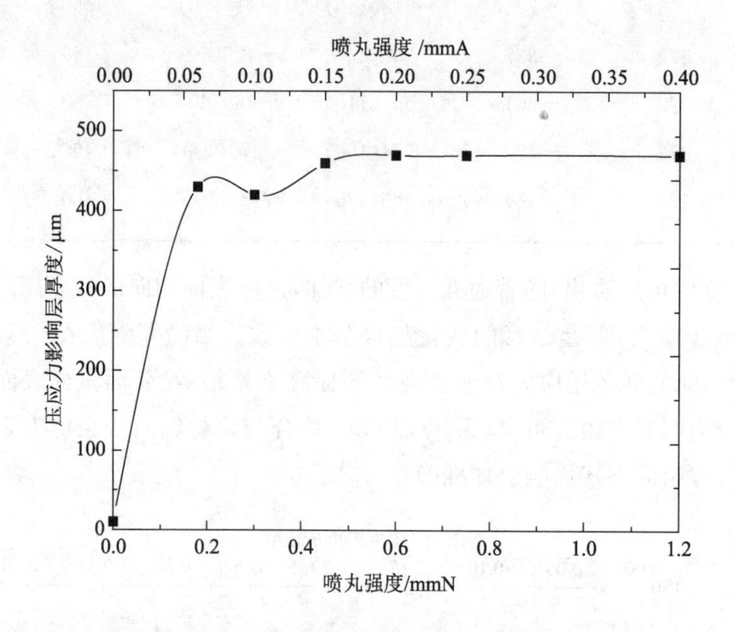

图 3-16　压应力影响层厚度随喷丸强度变化

结合图 3-15 和图 3-16 可以看出，原始试样表面虽然有残余压应力，但是这层压应力层非常薄，仅有 10 μm 厚，最小强度玻璃丸喷丸产生的残余压应力层也有 350 μm，最小强度不锈钢丸喷丸产生的残余压应力层也有 430 μm，比原始试样大得多。从图 3-16 可以看出，随着喷丸强度的增加，锆合金管材压应力影响层的厚度先增大后稳定，基本保持不变，这和前人研究的结论喷丸强度越大压应力影响层越厚的结论不太一致，这可能是由于锆合金管材过薄，导致残余压应力影响层的深度受管材厚度的限制达到饱和。

9 种喷丸工艺处理后轴向和切向的残余应力场分布如图 3-17、图 3-18 所示，对比 1—9 号工艺表面残余应力可以发现：在沿锆合金包壳管轴向方向上，2—8 号工艺表面的残余应力都比未喷丸表面的残余应力要大，达到了喷丸工艺的效果，只有第 9 号工艺对应的表面残余应力比未喷丸的小，从表 3-4 可以看出，9 号对应的喷丸工艺为铸钢丸（型号 S230）喷丸，喷丸强度为 0.40 mmA，比其他的喷丸强度都要大，而表面的残余压应力反而更小，这很有可能是由于喷丸强度过大，使试样表面产生了微裂纹，能量被释放掉了，所以才会导致表面的残余压应力比未喷丸的小；在切向方向上这种现象却不是很明显，切向的表面残余压应力数值大都维持在 250 MPa 左右，最大的为 6 号工艺，对应的残余压应力数值为 357 MPa，最小的仍然是 9 号工艺，对应的残余压应力数值为 186 MPa。

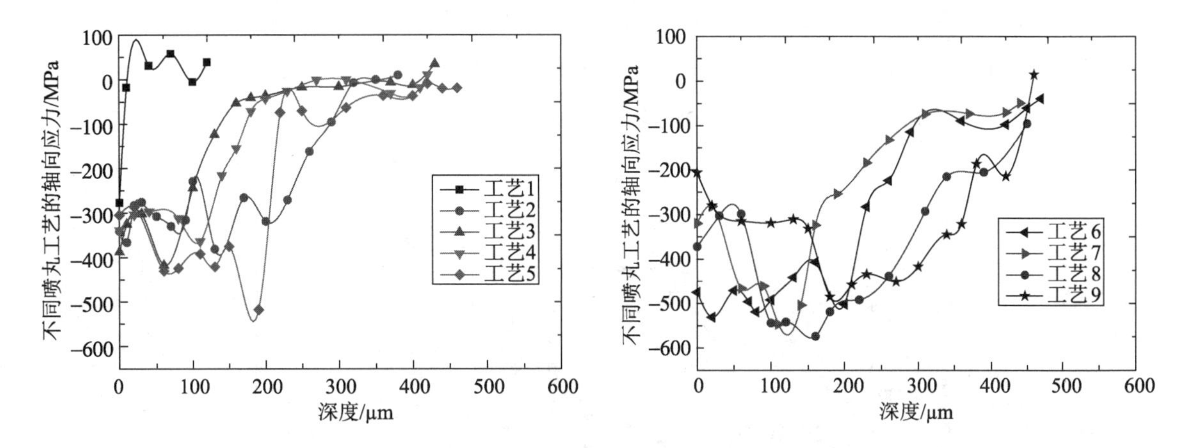

图 3-17　不同喷丸工艺的轴向残余应力随深度变化

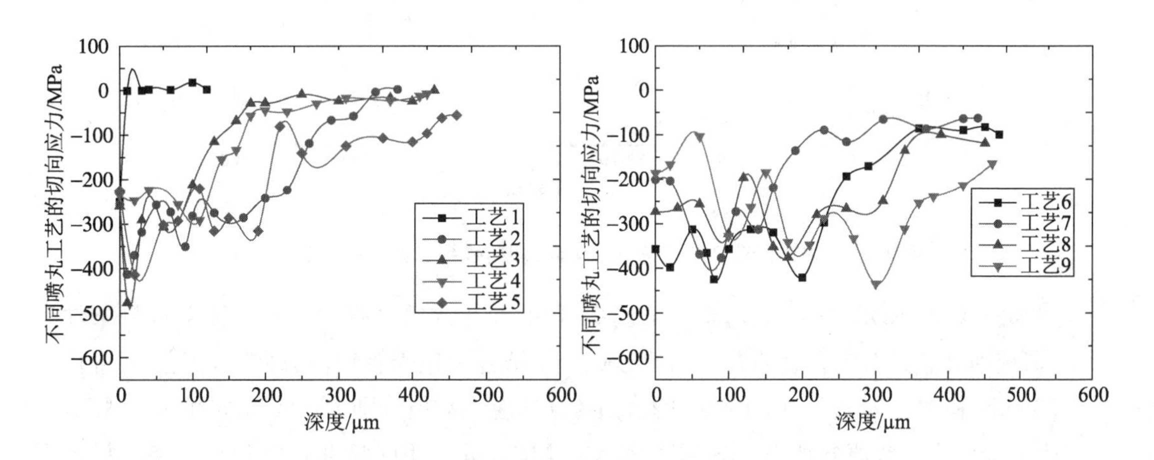

图 3-18　不同喷丸工艺的切向残余应力随深度变化

对于 2—9 号工艺的最大残余应力，无论轴向还是切向残余应力都比未喷丸(1 号工艺)的要大，而且最大的残余应力不在最外层，而在一定深度处，这个深度会受喷丸强度和弹丸直径的影响。喷丸处理过后的压应力影响层明显变厚。对于较低强度的 2—4 号喷丸工艺，喷丸强度分别为 0.18 mmN，0.18 mmN 和 0.30 mmN，压应力影响层厚度分别为 350 μm，430 μm 和 420 μm；对于强度较高的 5—9 号喷丸工艺(喷丸强度达到 0.15 mmA 以上)，压应力影响层厚度超过 460 μm，几乎达到了喷丸后整个包壳管的壁厚(500 μm 左右)，而喷丸之前的壁厚为 570 μm，所以，经过喷丸处理锆合金壁厚会减小 70 μm 左右，会对包壳管的装配带来影响，所以喷丸处理前应该预留出这个余量。

由图 3-19 可知，在相同喷丸工艺处理下，沿包壳管轴向和切向的残余应力大小有所不同，但数值相差不大而且变化趋势也大致相同。对比工艺 2 和工艺 3 可知，在相同喷丸强度(弹丸直径平均值相同)条件下，研究弹丸材料对锆合金喷丸工艺的影响。工艺 2 和工艺 3 的表面压应力和最大压应力相近，表面轴向残余压应力数值分别为 341 MPa 和 387 MPa，表面切向残余压应力数值分别为 256 MPa 和 260 MPa，轴向最大残余压应力数值分别为 381 MPa 和 417 MPa，切向最大残余压应力数值分别为 417 MPa 和 476 MPa。玻璃丸和不锈钢丸压应力影响层分别为 350 μm 和 430 μm，不锈钢丸处理的压应力影响层比玻璃丸处理的压应力影响层厚 80 μm。

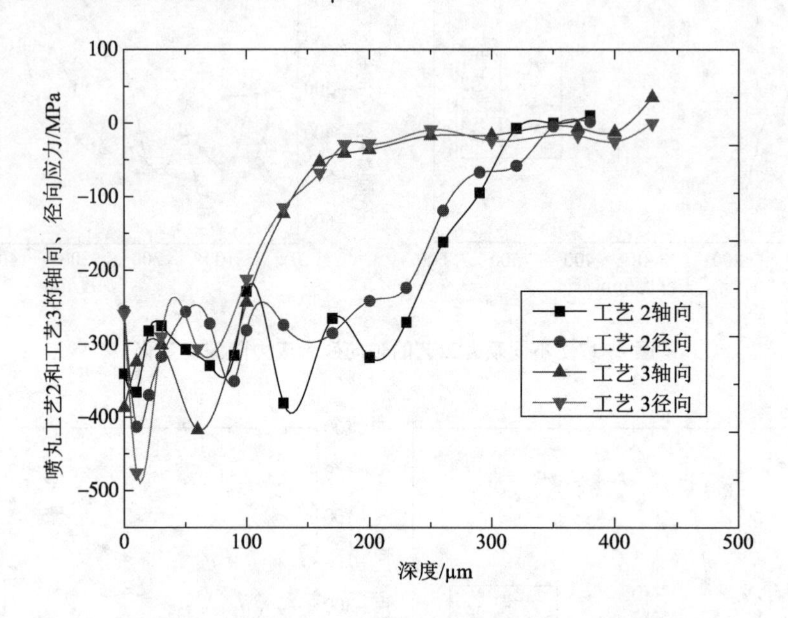

图 3-19　喷丸工艺 2 和工艺 3 的轴向、切向残余应力随深度变化对比

如图 3-20 所示，对比工艺 5 和工艺 7 可知，在相同喷丸强度和相同弹丸材料条件下，研究弹丸直径对锆合金喷丸工艺的影响。在锆合金包壳管轴向方向上，工艺 5(直径 0.36 mm)和工艺 7(直径 0.51 mm)的表面残余压应力数值分别为 305 MPa 和 320 MPa，最大残余压应力数值分别为 518 MPa 和 531 MPa，可见相同喷丸强度和相同弹丸材料下，改变弹丸的直径对锆合金表面轴向残余应力和轴向最大残余应力大小的影响不大，工艺 5 和工艺 7 对应的轴向最大应力的深度分别为 190 μm 和 110 μm，可见直径更小的弹丸对应轴向最大残余应力的位置更加深。在包壳管切向方向上，改变弹丸的直径对锆合金表面切向残余应力和切向最大残余应力大小的影响不大，和轴向的规律相同，工艺 5 和工艺 7 对应的切向最大应力的深度分别为 20 μm 和 60 μm，可见直径更大的弹丸对应切向最大残余应力的位置更加深，这个规律与轴向正好相反。

为了研究喷丸强度对残余应力场的变化，保证其他工艺参数相同，对比喷丸工艺 3、工艺 4、工艺 5 和喷丸工艺 6、工艺 7。如图 3-21、图 3-22 所示，对比工艺 3(喷丸强度 0.18 mmN)、工艺 4(喷丸强度 0.30 mmN)、工艺 5(喷丸强度 0.15 mmA)在轴向上的应力可以发现，随着喷丸强度增大，表面的残余压应力数值略有减小，压应力数值从 387 MPa

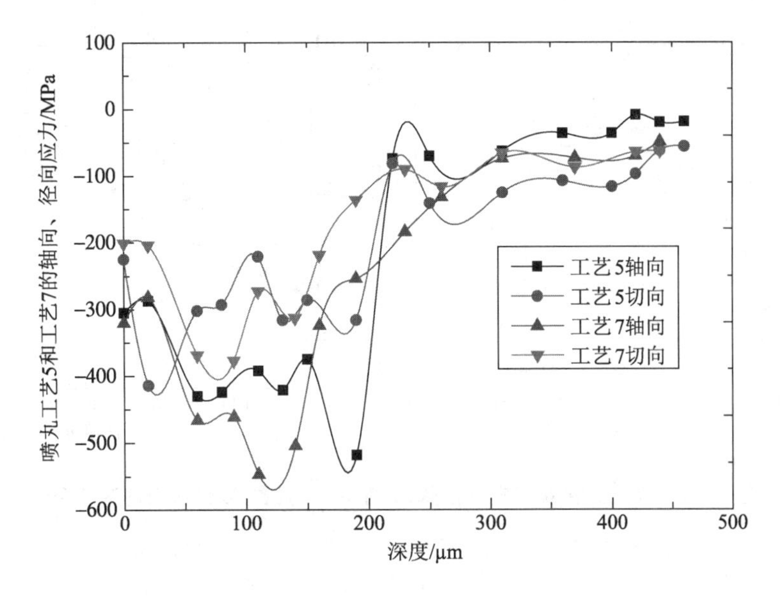

图 3-20 喷丸工艺 5 和工艺 7 的轴向、切向残余应力随深度变化对比

降低到 305 MPa，最大残余压应力数值从 417 MPa 提高到 518 MPa，最大残余压应力深度从 60 μm 提高到 190 μm。对比工艺 6 和工艺 7，在锆合金包壳管轴向方向上，工艺 6(喷丸强度为 0.20 mmA)和工艺 7(喷丸强度为 0.15 mmA)的表面残余压应力数值分别为 475 MPa 和 320 MPa，这点和前人[44]的研究有所不同，随着喷丸强度增加，表面的残余压应力反而增大，最大残余压应力数值分别为 547 MPa 和 531 MPa，和前人的研究保持一致；在锆合金包壳管切向方向上，工艺 6 和工艺 7 的表面残余压应力数值分别为357 MPa 和 201 MPa，最大残余压应力数值分别为 425 MPa 和 369 MPa。由此可见，锆合金喷丸处理后表面的残余应力场和一般的规律有所不同，随着参数的变化而变化，因此锆合金喷丸处理后残余应力场应以实际测得数据为准。

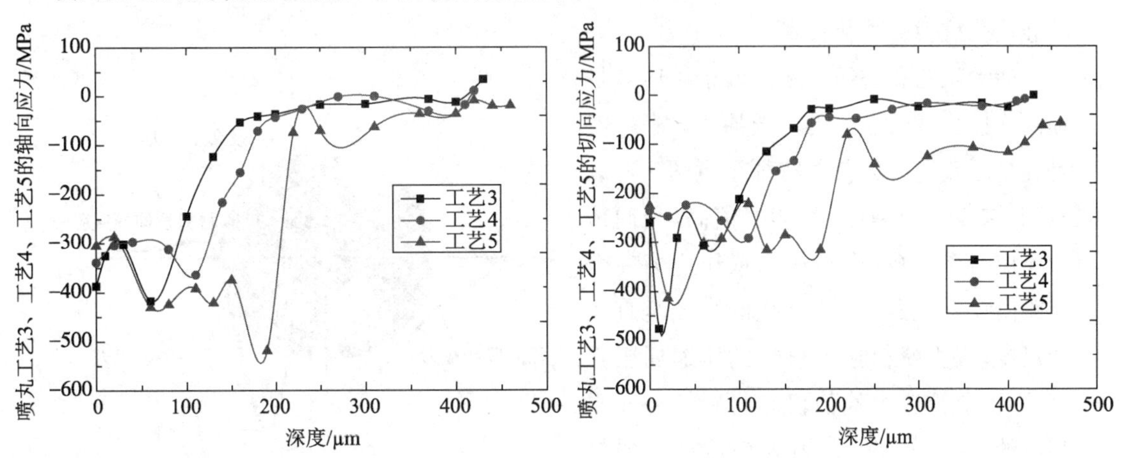

图 3-21 喷丸工艺 3、工艺 4、工艺 5 的轴向(左)、切向(右)残余应力随深度变化

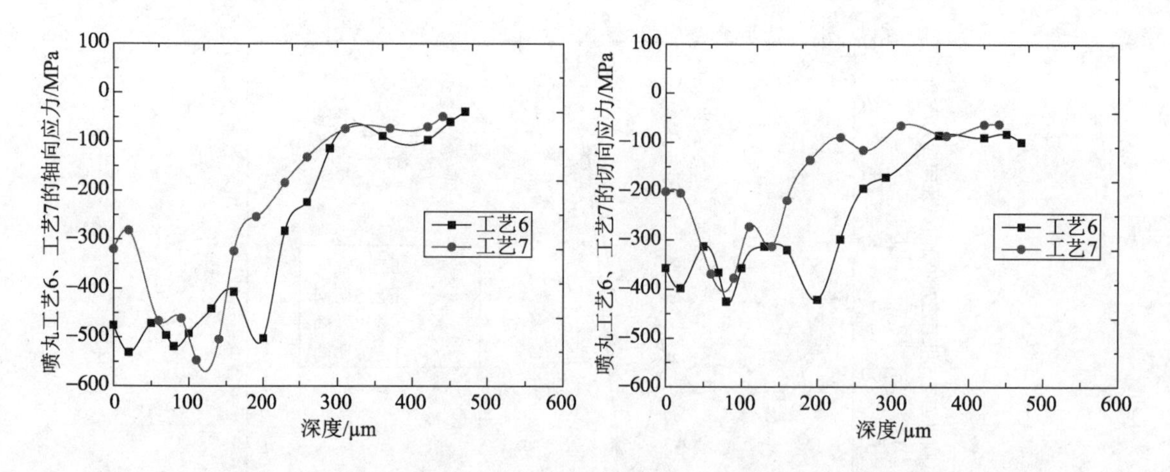

图 3-22 喷丸工艺 6、工艺 7 的轴向(左)、切向(右)残余应力随深度变化

3.3 孔挤压强化

孔挤压是目前国内外应用最为广泛的连接孔强化手段之一，在较好的工艺控制下，可以将紧固孔疲劳寿命提高 3 倍以上，其工作原理是将一个直径大于孔径、硬度高于连接孔材料的芯棒或圆球挤过连接孔，迫使孔壁材料发生弹塑性变形，在孔壁引入大深度高幅值可控残余压应力，改善孔结构在外载荷作用下的孔边局部应力分布状态，大幅提高连接孔疲劳强度、抗应力腐蚀和抗腐蚀疲劳性能，具有不改变材料、不改变结构设计、不增加飞机重量、成本较低、强化效果明显、应用孔径范围广等优势，完全满足当前飞机设计和制造理念，已被广泛应用于机翼和机身之间连接孔、机翼下表面螺栓孔等飞机关键承力构件连接孔的强化。可以预见，孔挤压在未来仍将会是应用非常广泛的一种重要的连接孔抗疲劳强化技术。

通常认为孔挤压产生的残余压应力是提高连接孔疲劳强度的主要原因，图 3-23 是孔挤压残余应力分布特征示意图。可以看到，该残余应力区域大、峰值高，径向残余压应力深度(残余拉应力或压应力突变点距离孔壁的距离)约有孔的半径至直径的尺度，应力峰值接近材料的压缩屈服强度，而残余拉应力峰值仅有材料拉伸屈服强度的 10%～15%。因为挤压后表层材料在残余压应力作用下会产生反向屈服，

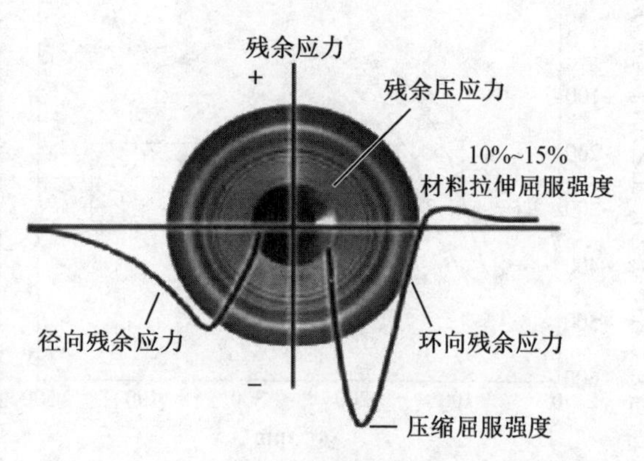

图 3-23 孔挤压径向(周向)残余应力分布特征

故残余压应力峰值总是出现在孔壁次表层[46]。

周向残余压应力并不改变孔边应力幅 σ_a，但可有效降低孔边在疲劳载荷作用下的实际平均应力，如图 3-24 所示，延缓疲劳裂纹萌生，延长裂纹萌生寿命；大深度残余压应力场还可增大疲劳裂纹扩展区面积，同时，降低裂纹尖端的有效应力强度因子幅值 ΔK 和裂纹扩展速率 da/dN，大幅延长裂纹扩展寿命。图 3-25[47]是基于 SEM 测试的孔挤压前后疲劳试样断口辉纹间距与裂纹长度的对应关系，可以看到挤压和未挤压强化试样裂纹扩展距离分别为 8 mm 和 0.8 mm，且孔挤压试样辉纹间距明显要小于未强化试样，辉纹间距反映了局部区域的裂纹扩展速率；在残余压应力作用下，ΔK 甚至会低于材料本身的应力强度因子门槛值 ΔK_{th}，促使疲劳裂纹闭合，停止扩展。Wang 等[47]发现 3 mm 厚 AA6061-T6 铝合金 ϕ8 mm 孔挤压强化后（4%相对挤压量），在孔壁形成的三向压应力"刚核区"可导致裂纹绕行，如图 3-26、图 3-27(b) 所示，大幅增大裂纹扩展距离，这是一个新现象，并认为这有助于进一步延长疲劳寿命。

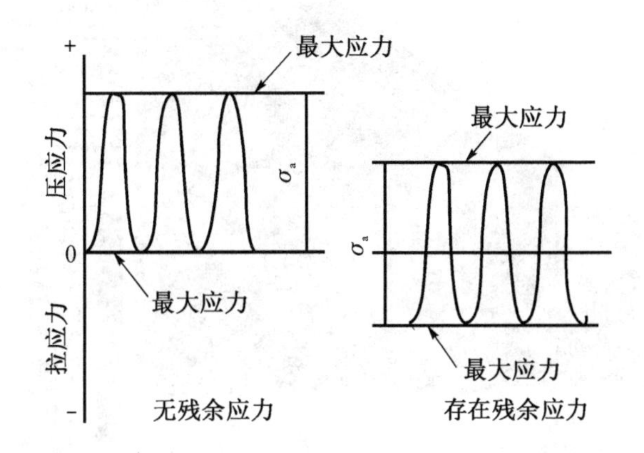

图 3-24 冷挤压后孔边交变疲劳载荷的变化

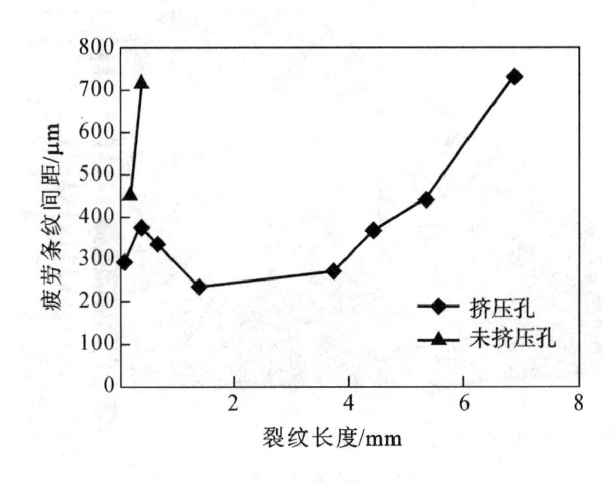

图 3-25 残余应力对扩展区和扩展速率的影响

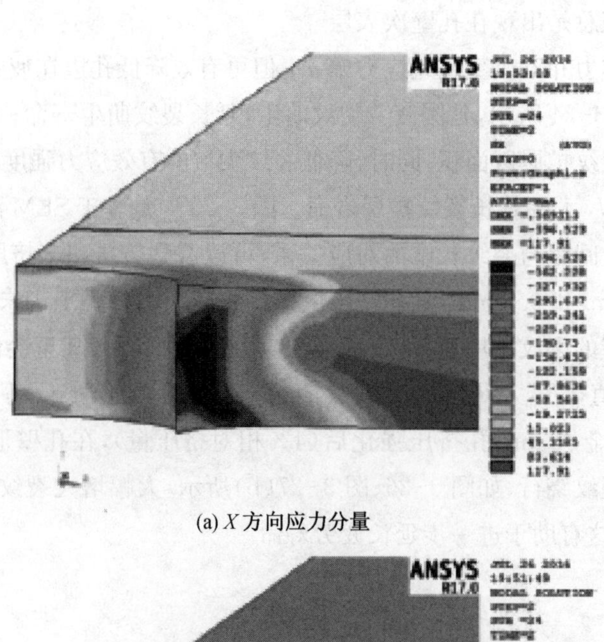

(a) *X* 方向应力分量

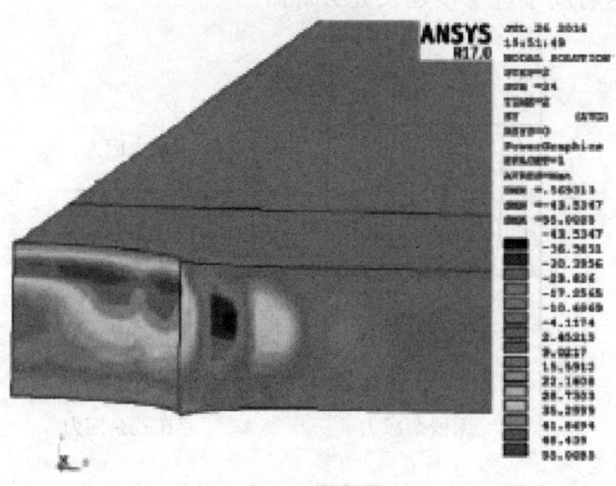

(b) *Y* 方向应力分量

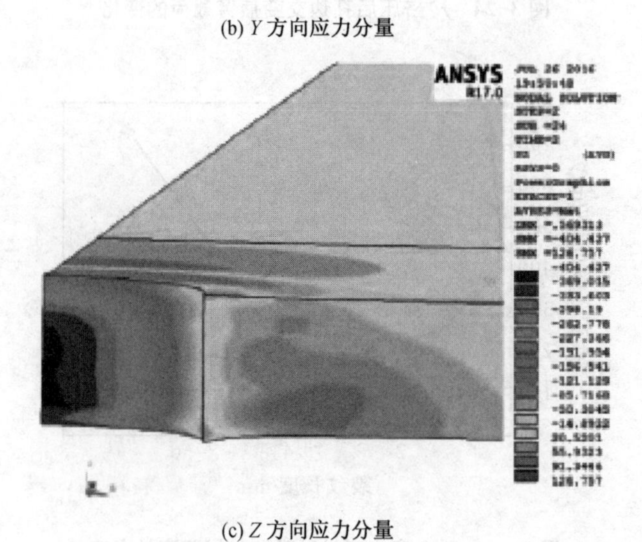

(c) *Z* 方向应力分量

图 3-26　FEM 计算孔挤压残余应力分量分布云图

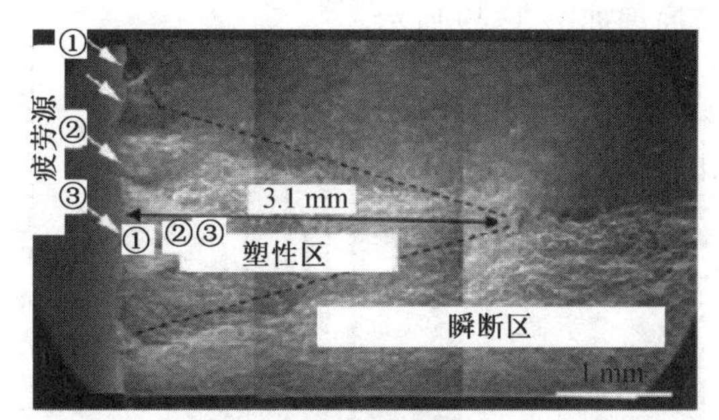

(a) 无孔挤压试样

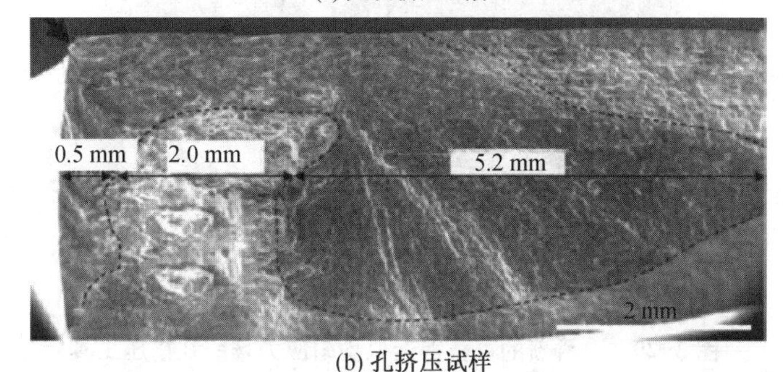

(b) 孔挤压试样

图 3-27 断口表面形貌

受沿孔轴向不同厚度处的材料约束状态不同[48-50]，以及材料沿芯棒移动方向的塑性流动增大了孔中部和挤出端位置材料的实际挤压量[51]的影响，孔挤压周向残余应力沿厚度呈梯度分布、非常不均匀，通常是孔中间最大，挤出端次之，挤入端最小[52, 53]，如图 3-26(a)[47]、图 3-28[53]所示。从疲劳理论上来讲，当其他影响疲劳的因素一致时，挤入端因为残余压应力最小，必然是疲劳裂纹最易萌生的地方。大量试验也证实，挤压孔疲劳裂纹总是很有规律地萌生在挤入端，而未挤压孔疲劳源如图 3-27 中①、②、③箭头所指，则随机分布在孔壁上。显然，挤入端残余压应力最小成为制约孔挤压疲劳增益进一步提高的“瓶颈”，为获取沿轴向均匀分布的优质残余应力场，很多学者做了不同的尝试。如，对挤压孔进行反向再挤压[54, 55]，用锥形栓和锥形开缝衬套完成近似均匀挤压[56]，将挤压孔进行短时间高温暴露[57]，在孔边预制倒角后挤压[58]，以及优化孔挤压工艺参数[59, 60]等，均取得了一些相对较好的效果。但都没有获得完全均匀的残余应力场。保加利亚学者[61]开发出一种可获得近似均匀残余压应力场的孔挤压

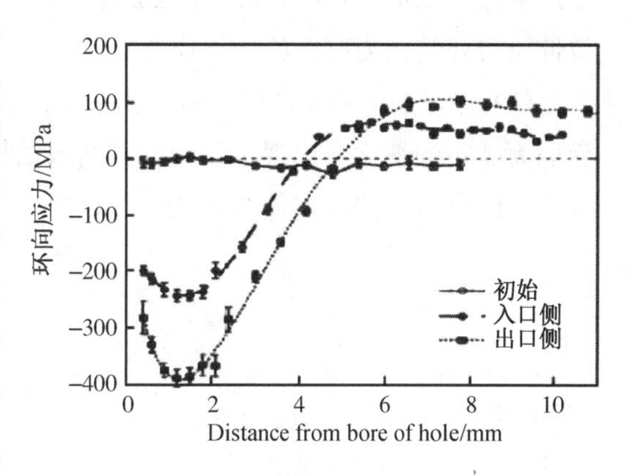

图 3-28 XRD 测试孔挤压前和 4%干涉量时周向残余应力

工具,并申请了专利,其原理如图 3-29 所示。

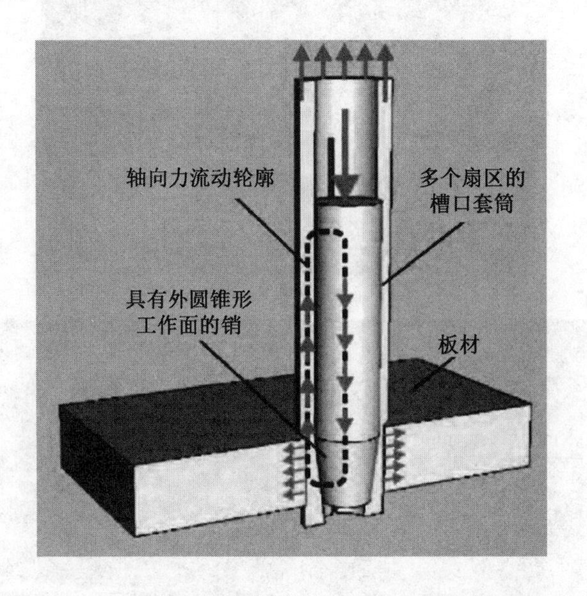

图 3-29　一种新的可获得近似均匀应力场的孔挤压工具

3.4　小结

(1) 超声冲击技术是利用冲击针快速击打金属材料的表面,使得近表面获得 100～200 μm 深度的塑形变形层,可显著提高表面的强度、硬度、抗腐蚀和抗磨损性能。材料发生严重塑形变形后,大尺寸的晶粒被撞针破坏,晶粒被粉碎细化,有效消除了表面的残余拉伸应力并转化为有益的压缩应力。

(2) 经过超声冲击高强度的冲击,表面组织被严重破坏,发生严重的塑性变形,近表面因为晶粒的细化会出现不同程度的纳米结构层,显著提高了表层组织力学性能。超声冲击可以有效调控焊接件的残余应力,提高焊接件寿命。

本 章 习 题

1. 激光冲击强化的原理及应用范围。
2. 激光冲击如何提高焊接件的使用寿命?
3. 喷丸强化的原理及应用范围,喷丸强度对残余应力的影响。
4. 影响喷丸强度的因素有哪些?
5. 喷丸强化的重要技术参数有哪些?
6. 残余压应力大小是衡量喷丸强化效果的唯一指标吗?
7. 激光冲击强化的原理及应用范围。
8. 孔挤压强化的原理及应用范围。
9. 激光冲击强化、喷丸强化、激光冲击强化、孔挤压强化层深度可以达到多少?

参考文献

[1] LIHAVAINEN V M, MARQUIS G, STATNIKOV E. Fatigue strength of a longitudinal attachment improved by ultrasonic impact treatment[J]. Welding in the World, 2004, 48(5/6): 67-73.

[2] SHALVANDI M, HOJJAT Y, ABDULLAH A, et al. Influence of ultrasonic stress relief on stainless steel 316 specimens: A comparison with thermal stress relief[J]. Materials and Design, 2013, 46: 713-723.

[3] FARRAHI G H, GHADBEIGI H. An investigation into the effect of various surface treatments on fatigue life of a tool steel[J]. Journal of Materials Processing Technology, 2006, 174(3): 318-324.

[4] 江庆宁,李幻,杨凝,等.立方体形 Aucore-Pdshell-Ptcluster 纳米材料对甲酸电催化的研究[J].电化学,2010,16(2):125-130.

[5] 张珂,刘建波,胡晓娜,等.金纳米棒核/贵金属壳杂化纳米结构的可控制备和性质调控[J].纳米中心专题,2011,40(9):601-607.

[6] TENG X W, SEAN M, SAMUEL F, et al. Three-Dimensional PtRu Nanostructures[J]. Chemistry of Materials, 2007, 19: 36-41.

[7] ZHAO X H, WANG D P, HUO L X. Analysis of the S-N curves of welded joints enhanced by ultrasonic peening treatment[J]. Materials and Design, 2011, 32(1): 88-96.

[8] 王东坡,霍立兴,张玉凤,等.超声冲击法改善 LF21 铝合金焊接接头的疲劳性能[J].中国有色金属学报,2001,11(5):754-759.

[9] 魏康,何柏林,于影霞.超声冲击对 MB8 镁合金焊接接头表层组织及力学性能的影响[J].中国有色金属学报,2016,26(12):2479-2484.

[10] MORDYUK B N, PROKOPENKO G I, MILMAN Y V, et al. Sameljuk. Enhanced fatigue durability of Al-6 Mg alloy by applying ultrasonic impact peening: Effects of surface hardening and reinforcement with AlCuFe quasicrystalline particles[J]. Materials Science & Engineering A, 2013, 563: 138-146.

[11] STATNIKOV E S, KOROLKOV O V, MUKTEPAVEL V O, et al. Oscillating system and tool for ultrasonic impact treatment: US, 7276824 B2[P]. [2007-10-02].

[12] 王东坡.改善焊接接头疲劳强度超声冲击方法试验装置的研制[D].天津:天津大学,1997.

[13] 王东坡,龚宝明,吴世品,等.焊接接头与结构疲劳延寿技术进展综述[J].华东交通大学学报,2016,33(6):1-14.

[14] STATNIKOV E S, MUKTEPAVEL V O. Technology of ultrasound impact treatment as a means of improving the reliability and endurance of welded metal structures[J]. Welding International,

2003，17(9)：741-744.

[15] MORDYUK B N，PROKOPENKO G I. Ultrasonic impact peening for the surface properties' management [J]. Sound Vib，2007，308(3/5)：855-866.

[16] ROLAND T，RETRAINT D，Lu K，et al. Fatigue life improvement through surface nanostructuring of stainless steel by means of surface mechanical attrition treatment [J]. Scripta Materialia，2006，54(11)：1949-1954.

[17] FAN Z，XU H，LI D，et al. Surface nanocrystallization of 35＃ type carbon steel induced by ultrasonic impact treatment[J]. Procedia Engineering，2012，27：1718-1722.

[18] 朱有利，李占明，韩志鑫，等. 超声冲击处理对 2A12 铝合金焊接接头表层组织性能的影响[J]. 稀有金属材料与工程，2010，39(1)：130-133.

[19] 何柏林，于影霞，余皇皇，等. 超声冲击对转向架焊接十字接头表层组织及疲劳性能的影响[J]. 焊接学报，2013，34(8)：51-54.

[20] PANINA A V，KAZACHENOK M S，KOZELSKAYA A，et al. Mechanisms of surface roughening of commercial purity titanium during ultrasonic impact treatment [J]. Materials Science & Engineering A，2015，647：43-50.

[21] YANG X J，ZHOU J X，LING X. Study on plastic damage of AISI 304 stainless steel induced by ultrasonic impact treatment[J]. Materials and Design，2012，36：477-481.

[22] GANIEV M，GAFUROV I，VAGAPOV I. Ultrasonic treatment by an intermediate striker：Tool dynamics and material improvement[J]. Applied Acoustics，2016，103：195-201.

[23] 谢国福，罗英. 超声冲击处理对 304L 不锈钢焊接残余应力的影响[J]. 热加工工艺，2016，45(3)：31-34.

[24] 邓德安，清岛祥一. 焊接顺序对厚板焊接残余应力分布的影响[J]. 焊接学报，2011，32(12)：55-58.

[25] UEDA Y，MU R H，MA N. Computational approach to welding deformation and residual stresses [M]. Tokyo Sanpo-pub，2007.

[26] WITHERS P J. Residual stress and its role in failure[J]. Reports on Progress in Physics，2007，70 (12)：2211-2264.

[27] 何柏林，雷思涌. 超声冲击对焊接残余应力影响的研究进展[J]. 兵器材料科学与工程，2015，38 (2)：120-123.

[28] 肖昌辉，贺文雄. 焊接接头超声冲击处理的研究进展[J]. 焊接技术，2012，41(9)：1-5.

[29] 饶德林，陈立功，倪春珍，等. 超声冲击对焊接结构残余应力的影响[J]. 焊接学报，2005，26(4)：48-50.

[30] 贾翠玲，陈芙蓉. 超声冲击处理对 7A52 铝合金焊接应力影响的数值模拟[J]. 焊接学报，2015，36 (4)：30-34.

[31] 王荣，杨峰，顾晓波. 超声冲击改善焊接接头残余应力的研究[J]. 江苏科技大学学报(自然科学版)，2009，23(4)：304-307.

[32] 荣豪，周伟，陈辉，等. 超声冲击对 SMA 490BW 耐候钢焊接残余应力的影响[J]. 电焊机，2011，41 (11)：65-67.

[33] CHENG X H，FISHER J W，PRASK H J，et al. Residual stress modification by post weld

treatment and its beneficial effect on fatigue strength of welded structures[J]. International Journal of Fatigue, 2003, 25(3): 1259-1262.
[34] 蒋聪盈,黄露,王婧辰,等. TC4钛合金激光冲击强化与喷丸强化的残余应力模拟分析[J]. 表面技术,2016,45(4): 5-9.
[35] 高玉魁. 表面完整性理论与应用[M]. 北京: 化学工业出版社,2014.
[36] GAO Y K, WU X R. Experimental investigation and fatigue life prediction for 7475-T7351 aluminum alloy with and without shot peening-induced residual stresses[J]. Acta materialia, 2011, 59(9): 3737-3747.
[37] GAO Y K. Improvement of fatigue property in 7050-T7451 aluminum alloy by laser peening and shot peening[J]. Materials science and engineering A, 2011, 528(10-11): 3823-3828.
[38] 张聪慧,刘研蕊,兰新哲. 钛合金表面高能喷丸纳米化后的组织与性能[J]. 热加工工艺,2006,35(1): 5-7.
[39] WANG Z, LUAN W, HUANG J, et al. XRD investigation of microstructure strengthening mechanism of shot peening on laser hardened 17-4PH[J]. Materials Science & Engineering A, 2011, 528(21): 6417-6425.
[40] 田文春. 喷丸对钢板弹簧疲劳寿命的影响[J]. 汽车工程学报,1998(1): 48-50.
[41] 李金魁,姚枚,王仁智,等. 喷丸强化的综合效应理论[J]. 航空学报,1992,13(11): 670-677.
[42] 高玉魁. 高强度钢喷丸强化残余压应力场特征[J]. 金属热处理,2003,28(4): 42-44.
[43] 高玉魁,李向斌,殷源发. 超高强度钢的喷丸强化[J]. 航空材料学报,2003,23(z1): 132-135.
[44] GAO Y K, YAO M, LI J K, An analysis of residual stress fields caused by shot peening[J]. Metallurgical and Materials Transactions A, 33(2002): 1775-1778.
[45] LU G X, LIU J D, QIAO H C, et al. The local microscale reverse deformation of metallic material under laser shock[J]. Advanced Engineering Materials, 2016, 19(2): 1600672.
[46] 王燕礼,朱有利,曹强,等. 孔挤压强化技术研究进展与展望[J]. 航空学报,2018,39(2): 1-17.
[47] WANG Y L, ZHU Y L, HOU S, et al. Investigation on fatigue performance of cold expansion holes of 6061-T6 aluminum alloy[J]. International Journal of Fatigue, 2017, 95: 216-228.
[48] PAPANIKOS P, MEGUID S A. Elasto-plastic finite element analysis of cold expansion of adjacent fastener holes[J]. Journal of Materials Processing Technology, 1999,92: 424-428.
[49] ODEMIR A T, HERMANNN R. Effect of expansion technique and plate thickness on near hole residual stresses and fatigue life of cold expanded holes[J]. Journal of Material Science, 1999, 34(6): 1243-1252.
[50] ODEMIR A T, EDWARDS L. Through thickness residual stress distribution after the cold expansion of fastener holes and its effect on fracturing[J]. ASME Journal of Engineering Materials Technology,2004, 126(1): 129-135.
[51] 薛巍. 带开缝衬套的冷扩孔挤压工艺[J]. 中国高新技术企业, 2011(34): 85-88.
[52] PRIEST M, POUSSARD C G, PAVIER M J, et al. An assessment of residual stress measurements around cold worked holes[J]. Experimental Mechanics, 1995,35(4): 361-366.
[53] STEFANESCU D, SANTISTEBAN J R, EDWARDS L, et al. Residual stress measurement and

fatigue crack growth prediction after cold expansion of cracked fastener holes[J]. Journal of Aerospace Engineering, 2004, 17(3): 91-97.

[54] BERNARD M, BUI Q T, BURLAT M. Effect of re-cold working on fatigue life enhancement of a fastener hole[J]. Fatigue & Fracture Engineering Materials & structure, 1995, 18(7): 765-775.

[55] STEFANESCU D. Experimental study of double cold expansion of holes[J]. The Journal of Strain Analysis for Engineering Design, 2003, 38(4): 339-347.

[56] CHAKHERLOU T N, VOGWELL J. A novel method of cold expansion which creates near-uniform compressive tangential residual stress around a fastener hole[J]. Fatigue & Fracture Engineering Materials & structure, 2004, 27(5): 343-351.

[57] CHAKHERLOU T N, AGHDAM A B. An experimental investigation on the effect of short time exposure to elevated temperature on fatigue life of cold expanded fastener holes[J]. Materials & Design, 2008, 29(8): 1504-1511.

[58] JANG J S, KIM D, CHO M R. The effect of cold expansion on the fatigue life of the chamfered holes[J]. Journal of Engineering Materials and Technology, 2008, 130(3): 031014.

[59] KARABIN M E, BARLAT F, SCHULTZ R W. Numerical and experimental study of the cold expansion process in 7085 plate using a modified split sleeve[J]. Journal of Materials Processing Technology, 2007, 189(1): 45-57.

[60] GIGLIO M, LODI M. Optimization of a cold working process for increasing fatigue life[J]. International Journal of Fatigue, 2009, 31(11): 1978-1995.

[61] MAXIMOV J T, DUNCHEVA G V, AMUDJEVIM. A novel method and tool which enhance the fatigue life of structural components with fastener holes[J]. Engineering Failure Analysis, 2013, 31: 132-143.

4 残余应力的测定方法及实验

4.1 钻孔法测定残余应力

4.1.1 概述

残余应力几乎存在于所有材料中，在工件的制造过程或服役期间都有可能产生残余应力。对那些在交变载荷或腐蚀环境中服役的工件而言，如果在设计过程中没有考虑或核算残余应力，它将是导致材料失效的重要因素之一。残余应力也可能是有益的，例如喷丸所产生的压缩应力。钻孔应变法（以下简称“钻孔法”）是一种测定残余应力的方法。本章主要介绍钻孔法测残余应力和X射线衍射法测残余应力的原理和实验步骤，为实验过程提供详细的指导。

钻孔法用于测定各向同性线弹性材料近表面的残余应力。其步骤如下：在被测物体表面贴上应变花，随后在该应变花上钻孔，再测量被测物体表面所释放的应变。将所测得的应变代入一系列公式，便可计算出已去除材料所在部位的残余应力。

钻孔法对被测工件所造成的破坏仅局限于一个较小的区域，对于较厚的材料而言，通常不会对其正常使用造成严重影响，所以称其为“半无损”测试。相对而言，其他大多数机械性残余应力测试方法都会对被测工件造成严重破坏。由于钻孔法多少也会对工件造成一定的破坏，所以该方法仅针对在工件上钻孔（或钻孔后经焊补修磨）并不严重影响其使用功能的情况下使用。

有两种方法可以测定残余应力：

(1) 高速钻残余应力测量方法（方法A）。因高速钻的加工应变很小，残余应力的测量可以完全依据柯西公式的有限元分析得到的应力标定常数进行计算。

(2) 低速钻残余应力测试方法（方法B）。因低速钻的加工应变比较大，不能忽略，残余应力的测量要通过综合性的标定试验得到的应力标定常数来计算。

理论上，如果各向同性（等轴）残余应力超过材料屈服强度的50%，或任一方向上的切应力超过屈服强度的25%，钻孔周边可能因应力集中而发生局部屈服。但实践中有可靠的数据表明，残余应力不超过材料屈服强度的60%时本标准仍可采用（此限制仅针对采用非试验标定的应力标定常数确定方法，如方法A中的确定方法。如果测量的残余应力高达材料屈服点,如焊缝应力,此时需要一套特殊的试验标定技术,如方法 B 中的标定方法)[1]。

4.1.2 实验概述

1. 工件

(1) 工件上的测点应选择在一个平坦的表面,同时应注意避免在工件边缘或其他不规则部位。图 4-1 显示了钻孔后测点部位的应力分布情况。假设这些应力在 x-y 平面内是均匀分布的。

(2) 如图 4-1(a)所示,工件内的残余应力沿孔深方向大小是一致的。在 x-y 平面内的应力有σ_x, σ_y 和τ_{xy}。可采用这种方式测量薄工件内的均匀残余应力,对于厚工件内的均匀残余应力也可采用该方式。

(3) 如图 4-1(b)所示,工件内的残余应力沿孔深方向的大小是变化的。本方法将其描述为阶梯状应力分布,在钻孔过程中每一个深度增量对应一个深度梯度。在第 k 个深度梯度内的平面应力为$(\sigma_x)_k$, $(\sigma_y)_k$ 和$(\tau_{xy})_k$。可采用这种方式测量厚工件内的非均匀残余应力。

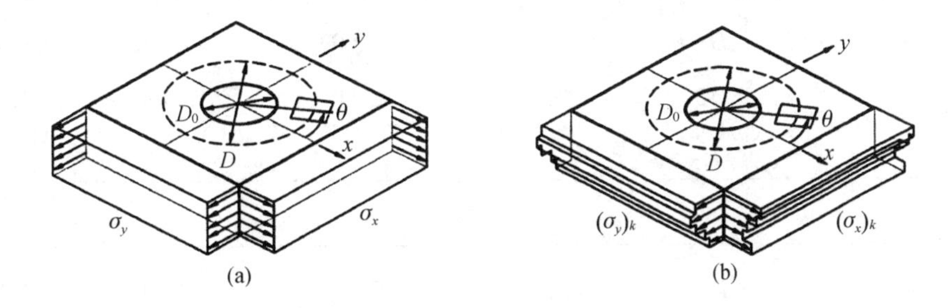

图 4-1 钻孔尺寸与残余应力

2. 应变花

如图 4-2 所示,一个应变花通常由两个或两个以上应变单元(敏感栅)组成,可将其粘贴在工件的特定位置。

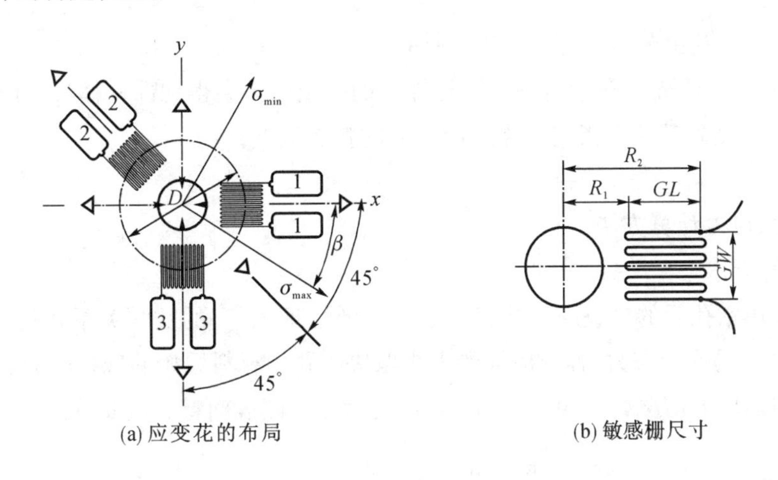

图 4-2 典型三向应变花的布局与几何尺寸

应变花有三种类型,相关尺寸如表 4-1 所示。

表 4-1　　应变花尺寸　　单位：mm

应变花类型	D	GL^b	GW^b	$R_1{}^b$	$R_2{}^b$
A 型					
名称	D	0.309D	0.309D	0.345 5D	0.654 5D
公称值 1/32 in	2.57 (0.101)	0.79 (0.031)	0.79 (0.031)	0.89 (0.035)	1.68 (0.066)
公称值 1/16 in	5.13 (0.202)	1.59 (0.062)	1.59 (0.062)	1.77 (0.070)	3.36 (0.132)
公称值 1/8 in	10.62 (0.404)	3.18 (0.125)	3.18 (0.125)	3.54 (0.140)	6.72 (0.264)
B 型					
名称	D	0.309D	0.233D	0.345 5D	0.654 5D
公称值 1/16 in	5.13 (0.202)	1.59 (0.062)	1.14 (0.045)	1.77 (0.070)	3.36 (0.132)
C 型					
名称	D	0.176D	30°扇形	0.412D	0.588D
公称值 1/16 in	4.32 (0.170)	0.76 (0.030)	30° (30°)	1.78 (0.070)	2.54 (0.100)

注：括号中数值为英寸;形状详见图 4-2。

3. 钻孔

(1) 在应变花上分多步或一步进行钻孔。

(2) 钻孔后,原先存在于所钻孔洞边界内的残余应力会得到部分释放,可采用合适的应变仪来测定钻到某一个指定孔深后所对应的释放应变。

4. 残余应力计算方法

1) 一般要求

(1) 采集钻孔后的释放应变并利用基于线弹性理论[2-5]的数学关系式可计算出原先在孔洞位置上的残余应力,释放应变的大小取决于孔内材料原始的残余应力。

(2) 均匀应力情况如图 4-1(a)所示,钻孔后测得的表面释放应变按式(4-1)计算：

$$\varepsilon = \frac{1+\mu}{E} \times \boldsymbol{a} \times \frac{\sigma_x + \sigma_y}{2} + \frac{1}{E} \times \boldsymbol{b} \times \frac{\sigma_x - \sigma_y}{2} \cos 2\theta + \frac{1}{E} \times \boldsymbol{b} \times \tau_{xy} \sin 2\theta \tag{4-1}$$

2）方法 A

（1）标定常数 $\boldsymbol{a}$ 和 $\boldsymbol{b}$ 表示在孔深范围内由单位应力所带来的释放应变，它们是无量纲的，其大小与材料无关。对于在较薄工件上的通孔以及较厚工件上的盲孔这两种不同情况，具体数值会略有差异。标准型应变花的具体标定常数已采用有限元方法计算获得，并在表 4-2 中列出。

（2）对于如图 4-1(b)所示的非均匀应力情况，在完成第 j 步钻孔后所测得的表面释放应变实际上与之前 $1 \leqslant k \leqslant j$ 所有孔深状况下材料内（未得到完全释放）的残余应力相关，可按式(4-2)计算：

$$\varepsilon = \frac{1+\mu}{E}\sum_{k=1}^{j}\boldsymbol{a}_{jk}\,(\sigma_x+\sigma_y)_k + \frac{1}{E}\sum_{k=1}^{j}\boldsymbol{b}_{jk}\,(\sigma_x-\sigma_y)_k\cos 2\theta + \frac{1}{E}\sum_{k=1}^{j}\boldsymbol{b}_{jk}\,\tau_{xy}\sin 2\theta \quad (4\text{-}2)$$

（3）标定常数矩阵和 $\boldsymbol{b}_{jk}$ 表示当钻进到第 j 步孔深时，由于受到第 k 步孔深处的单位应力影响所引起的释放应变。图 4-3 列举了采用四步钻孔法时孔截面的一系列变化情况。在该系列中，当钻到第 3 步孔深时会受到第 2 步孔深处单位应力的影响，而标定常数矩阵所表征的就是这种过渡状态。标准应变花的标定常数已采用有限元方法[4]计算获得，具体数值可参考《金属材料　残余应力测定　钻孔应变法》(GB/T 31310—2014)中的表 3。

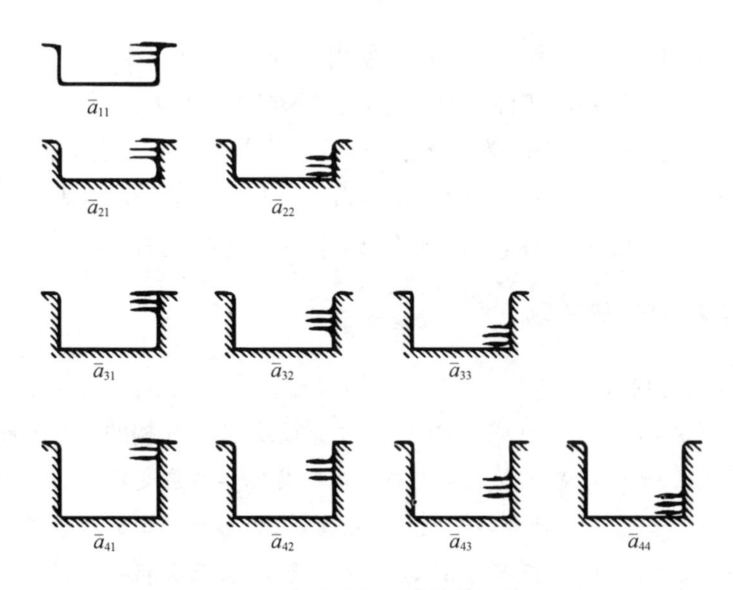

图 4-3　标定常数矩阵的物理说明

（4）测量在一系列孔深阶段上的释放应变以提供足够的信息来计算每个阶段中的应力 σ_x，σ_y 和 τ_{xy}。再根据这些应力来计算主应力 $\sigma_{\max}$ 和 $\sigma_{\min}$ 以及方位角 β。

3）方法 B

（1）标定常数与材料和钻孔刃具有关，标定常数需按低速钻孔标定实验方法确定。

（2）由于采用低速钻孔标定实验，无法控制步进孔深，一般均按均匀应力场处理，一次钻到最终深度。

(3) 孔深的影响：释放应变的大小主要受近表面残余应力的影响，随着距表面深度的增大，内部应力的影响会逐渐消失。因此，方法 B 仅适用于近表面残余应力的评估，对较深部位的内应力无法给出可靠的测试结果。

4.1.3 工件准备

(1) 对于薄工件一般应钻通孔。如果使用 A 型或 B 型应变花，工件厚度不应超过 $0.4D$；如果使用 C 型应变花工件厚度不应超过 $0.48D$（图 4-4）。

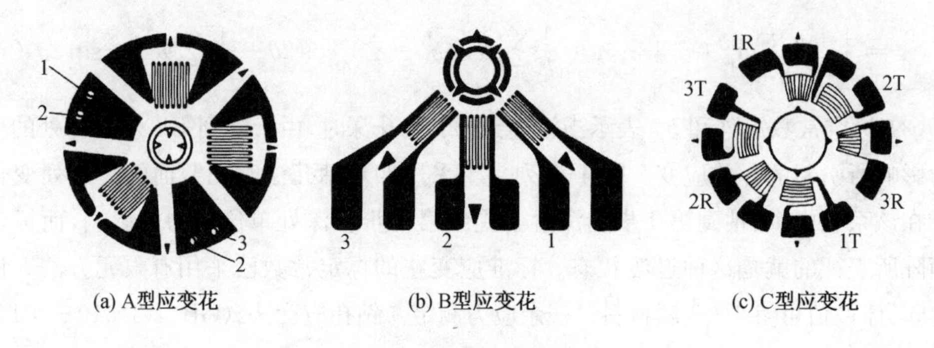

(a) A型应变花　(b) B型应变花　(c) C型应变花

图 4-4　应变花类型

(2) 对于厚工件，一般应钻盲孔。如果使用 A 型或 B 型应变花，工件厚度不应小于 $1.2D$；如果使用 C 型应变花，工件厚度不应小于 $1.44D$（图 4-4）。

(3) 需要粘贴应变计的表面必须光滑平整。粘贴应变计前，工件表面应符合（粘贴应变计）胶粘剂说明书的要求，通常应干净无油脂。一般应尽量采用对表面残余应力影响较小的抛光方式，这一点对于在表面附近存在着较大应力梯度的工件尤为重要。

4.1.4 应变花和测量仪器

1. 应变花的几何形状

(1) 一个应变花由三个单独或成对的应变敏感栅组成，敏感栅的编号遵循顺时针规则。

注： 如图 4-2 所示，敏感栅与通用型应变花及其他类型应变花常用的逆时针编号规则不同。即便对那些采用逆时针编号规则的应变花，本书所使用的残余应力计算方式仍然适用。唯一的变化是 1# 敏感栅与 3# 敏感栅位置互换，最大拉应力的方向角 β 需相应颠倒过来，按重新定义的 1# 敏感栅逆时针旋转 β 角即为主应力方向。

(2) 各应变敏感栅呈环状分布，并与应变花的测点中心保持等距。

(3) 如图 4-2 所示，应变敏感栅的纵轴可沿以下三个方向定位：①基准方向；②与基准方向成 45°或 135°夹角；③与基准方向垂直。方向②将方向①与方向③二等分。

(4) 沿 1# 敏感栅的方向定义为 x 轴方向，将其逆时针旋转 90°的方向定义为 y 轴方向。

(5) 应变花的测点中心圆及其圆心应清晰可辨。

2. 标准应变花

(1) 目前,有多种型号的标准应变花可满足不同领域的测试需求。使用标准应变花可以大大简化残余应力的计算。图 4-4 给出了三种不同型号的应变花,表 4-1 列出了它们的几何参数。

(2) 常规情况下残余应力测试推荐使用图 4-4 中的 A 型应变花。

注: *选择合适的应变花尺寸非常重要,大应变花可以测量较深范围内的残余应力;小应变花测得的局部数据更加精确。*

(3) 图 4-4 中的 B 型应变花中的敏感栅都分布在同一侧,适用于测点附近有障碍物的情况。

(4) 图 4-4 中的 C 型应变花是较为特殊的一种样式,它由三组成对分布的敏感栅组成,可连接成三个半桥电路,主要适用于对敏感性和温度稳定性要求较高的场合。

3. 应变花的粘贴和使用

(1) 在工件表面粘贴应变花时,其中心应至少距离工件最近的边缘 1.5D;如果工件由多种材料组成,其中心应至少距离材料分界线 1.5D。

(2) 采用 B 型应变花在障碍物附近进行测量时,应变花中心应至少距离障碍物 0.5D,且敏感栅应布置在与障碍物相对的一侧。

(3) 应变花的使用(粘贴、焊引线、防护处理)应严格遵守应变计供应商的使用规定,同时在钻孔过程中应注意保护好应变计。

(4) 应确保贴片稳定、可靠,接地电阻推荐在 20 000 MΩ 以上。

(5) 应检查应变花是否粘贴良好。如有可能,可以施加一个较小的载荷到工件上以产生一些小应变,当卸除该载荷后,观测到的应变值应归零。另外,应仔细检查不易粘牢的部位,如果发现有粘贴不牢的情况,应将应变花去除并重新粘贴。

4. 测量仪器

(1) 应变记录仪的分辨率应优于 $\pm(1\times10^{-6})$,短时稳定性和重复性至少为 $\pm(1\times10^{-6})$。连接应变花的导线越短越好,对 A 型和 B 型应变花可采用三线温度补偿电路[7-9],对于 C 型应变花可采用半桥连接电路。输出结果分别定义为 ε_1,ε_2 和ε_3。

(2) 推荐按照《电阻应变仪计量检定规程》(JJG 623—2005)规范要求对应变仪进行检定。

4.1.5 实验程序

1. 钻孔装置及使用

(1) 在工件表面钻孔时,应采用合适的工件,确保钻孔与应变花上圆心的偏离在

±0.004D以内。每次钻孔的深度偏差应控制在±0.004D以内，图4-5给出了一种典型的钻孔装置。

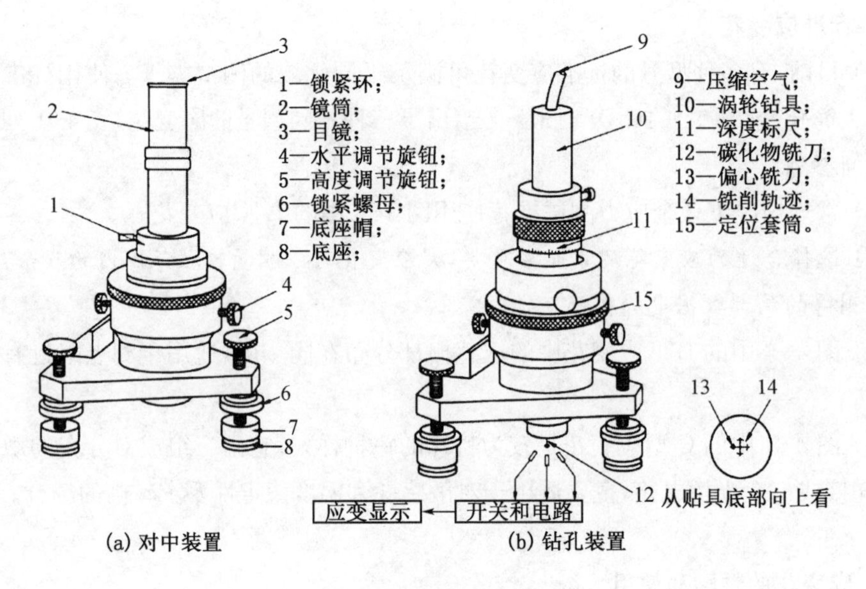

图4-5　典型的钻孔装置

(2) 适用于残余应力测试的钻孔技术有很多。常见的钻孔技术除了极硬的材料之外可适用于所有材料，例如使用由高速空气涡轮或转速为50 000～400 000 r/min[6]的马达驱动的碳化物牙钻或端部铣刀。如采用压力钻或手电钻进行低速钻孔，因为容易在孔边产生切削应力，故应力标定常数需要特殊标定。

(3) 对于极硬的材料，可以采用喷砂钻孔装置，利用它可将带有极细颗粒的高速空气流射向工件以达到钻孔效果。但该装置不适用于较软的材料也不能用在有应力梯度的场合，因为它无法严格控制孔深和孔形。

(4) 对于高速钻来说，如果选用钻头或端部铣刀作为高速切削工具，应选择"倒锥形"牙钻或小型碳化物端部铣刀。商品化供应的钻头往往是根据不同用途来进行设计的，并不是每种钻头都适用于残余应力测量。因此，如果没有经验可供借鉴，则需要对钻孔技术和钻头进行鉴别和选择。首先在一个经过退火的无应力工件上贴上应变花，然后钻孔。对于高速钻孔方法，如果由钻孔引起的应变在±8微应变范围内，则认为该技术和钻头是适用的。

(5) 如果由钻孔所导致的应变量很大，或很难在被测材料上钻孔，则可以添加合适的润滑液对钻头进行润滑。润滑液应是绝缘介质，不应使用任何含水或有电导性的液体，因为它们可能会渗透到应变计的桥路中，导致数据失真。

(6) 切削刀具的顶端倾角不得大于1°，这样可避免钻孔底部深浅不一致，钻孔深度偏差应小于刀具直径的1%。对于方法B，顶端倾角不作要求，钻孔深度超过1.2 D_0即可。

(7) "倒锥型"钻头端面处的直径最大，向柄身过渡时逐级变细。这样的锥形有利于确保孔壁边缘的加工质量，减少钻头与孔壁的摩擦，并防止由此引起的切削应力。为确保整个截面上的孔径大小基本一致，该锥角不应超过 5°。

(8) 钻孔时，可采用将刀具轴心正对应变花上圆心并下压钻孔的方法，另外有一种替代的方法是采用轨道钻孔技术[7]，即刀具轴心与钻孔圆心有所偏离。由于刀具并未采用常规的对中方式，而是在一个围绕着钻孔圆心的特定轨道上运行，这样就可以钻出一个比刀具直径大一些的孔来。直接对中应变花上圆心的压入法的优点是比较简单，而轨道法的优势在于能够通过调整偏离量来获得不同大小的孔径，有效地利用圆柱形切削刃进行排屑。

(9) 各种类型的应变花均有其对应的孔径范围，均匀应力测量以及非均匀应力测量的取值范围有所不同(读者可自行查阅相关规定)。

(10) 由于释放应变的大小近似与钻孔直径的平方成正比，因此钻孔直径一般优先采用范围上限值。如果使用的是直接对中应变花上圆心的压入法，刀具直径应等于孔径。如果使用的是轨道法，刀具直径应为孔径的 60%～90%，并选取一定的偏离量使孔径达到设定值。

(11) 钻孔应在恒温下进行。每钻一步都应停刀一段时间，使由钻孔和涡轮排气所导致的温度波动恢复平稳，退刀工序则无此项要求。在读取最终的应变值之前应至少等待 5 s 时间。

(12) 测量薄工件上的均匀应力时，需按照下文中均匀应力状态薄工件中的钻孔程序执行；测量厚工件上的均匀应力时，需按照下文均匀应力状态厚工件中的钻孔程序执行；测量厚工件上的非均匀应力时，需按照下文非均匀应力状态厚工件中的钻孔程序执行。

2. 均匀应力状态薄工件的钻孔程序

(1) 对于薄工件，钻孔前应读取每个应变计的初始应变值，然后开始钻孔。

(2) 钻孔时应沿轴向缓慢进刀直至钻透整个工件。如果采用轨道钻孔技术，刀具同时沿环形轨道运行。随后停机、退刀，读取应变值 ε_1，ε_2 和 ε_3。

(3) 测孔径，确认其是否在所规定的数值范围内。

(4) 检查孔的同心度是否在允许的误差范围内。

(5) 根据计算公式计算均匀残余应力。

3. 均匀应力状态厚工件的钻孔程序(针对方法 A)

(1) 对于厚工件，钻孔前先读取每个应变计的初始应变值，然后开始沿轴向缓慢进刀，直至划透应变花基底并稍稍刮擦工件表面，将该点设定为“零”孔深。

注：实践中可以采用刀具与工件间是否形成电气回路来判定“零”孔深。

(2) 到“零”孔深后停刀，确认所有的应变计读数没有明显变化。用此时新的应变读数作为后续应变测量的初始应变值。

(3) 启动刀具，对于A型或B型应变花每次进刀量为0.05D，对于C型应变花每次进刀量为0.06D。如果采用轨道技术，应使刀具沿环形轨道运行。然后停刀，记录每个应变计上的读数ε_1，ε_2和ε_3。也可采用与上述步进值相近的进刀量，不过由于需要对GB/T 31310—2014中表3所列的标定常数进行附加插值运算，其计算会复杂一些。

注：实际工作中，对于1/32英寸的A型应变花每次可进刀0.125 mm，对于1/16英寸的A型、B型或C型应变花每次可进刀0.25 mm，对于1/8英寸的A型应变花可进刀0.50 mm。即使每次的进刀量与规定值0.05D或0.06D存在小的偏差也不会对残余应力测试结果造成太大影响。

(4) 重复上述进刀步骤，需将整个孔深分解为8个相等的步进深度，记录每次步进钻孔后的应变读数。对于A型或B型应变花最终孔深约为0.4D，对于C型应变花最终孔深约为0.48D。

注：之所以规定钻孔深度需达到0.4D或0.48D，是因为钻到该深度后应变读数即使还会有所增加，但读数的大小主要是受近表面应力的影响，对于A型以及B型应变花孔深超过0.2D后、C型应变花孔深超过0.3D后，应变花对下一层应力释放的敏感性几近消失。因此本方法实际上测量的是距表面深度0.2D或0.3D的近表层内的残余应力的平均值。

(5) 测量钻孔直径，确认其是否在所规定的数值范围内。

(6) 检查孔的同心度，确认其是否在允许的误差范围内。

(7) 按相应的计算公式计算均匀残余应力。

4. 非均匀应力状态厚工件的钻孔程序(针对方法A)

(1) 钻孔前先读取每个应变计的初始应变值，然后开始缓慢进刀，直至划透应变花基底并稍稍刮擦工件表面，将该点设定为“零”孔深。

(2) 到“零”深度后停刀，确认所有的应变计读数没有明显变化。用此时新的应变读数作为后续应变测量的初始应变值。

(3) 启动刀具，对于1/32英寸的A型应变花每次进刀量为0.001英寸(0.025 mm)，对于1/16英寸的A型、B型或C型应变花每次进刀量为0.002英寸(0.05 mm)，对于1/8英寸的A型应变花每次进刀量为0.04英寸(0.10 mm)。然后停刀，记录每个应变计上的读数ε_1，ε_2和ε_3。

(4) 当使用A型或B型应变花时需将整个孔深分解为20个相等的步进深度，重复上述进刀步骤，并记录每步中的应变读数。

(5) 当使用C型应变花时需将整个孔深分解为25个相等的步进深度，重复上述进刀步骤，并记录每步中的应变读数。

(6) 测量钻孔直径，确认其是否在所规定的数值范围内。

(7) 检查孔的同心度,确认其是否在允许的误差范围内。

(8) 按相应的计算公式计算非均匀残余应力。

4.1.6 残余应力计算

1. 方法 A: 高速钻孔残余应力的计算方法

1) 薄工件均匀应力计算

(1) 根据测得的释放应变 ε_1, ε_2 和ε_3,按式(4-3)、式(4-4)和式(4-5)计算下面的组合应变:

$$p = \frac{\varepsilon_3 + \varepsilon_1}{2} \tag{4-3}$$

$$q = \frac{\varepsilon_3 - \varepsilon_1}{2} \tag{4-4}$$

$$t = \frac{\varepsilon_3 + \varepsilon_1 - 2\varepsilon_2}{2} \tag{4-5}$$

(2) 根据 GB/T 31310—2014 的规定,通过孔径大小和应变花类型来选择标定常数 $\boldsymbol{a}$ 和 $\boldsymbol{b}$。

(3) 将组合应变 p, q 和 t 代入式(4-6)、式(4-7)和式(4-8)分别计算三个组合应力 P, Q 和 T:

$$P = \frac{\sigma_y + \sigma_x}{2} = -\frac{Ep}{\boldsymbol{a}(1+\mu)} \tag{4-6}$$

$$Q = \frac{\sigma_y - \sigma_x}{2} = -\frac{Eq}{\boldsymbol{b}} \tag{4-7}$$

$$T = \tau_{xy} = -\frac{Et}{\boldsymbol{b}} \tag{4-8}$$

(4) 按式(4-9)、式(4-10)和式(4-11)分别计算平面笛卡儿坐标系下应力值 σ_x, σ_y 和 τ_{xy}:

$$\sigma_x = P - Q \tag{4-9}$$

$$\sigma_y = P + Q \tag{4-10}$$

$$\tau_{xy} = T \tag{4-11}$$

(5) 按式(4-12)计算主应力 $\sigma_{\max}$ 和 $\sigma_{\min}$:

$$\begin{cases} \sigma_{\max} = P + \sqrt{Q^2 + T^2} \\ \sigma_{\min} = P - \sqrt{Q^2 + T^2} \end{cases} \tag{4-12}$$

如图 4-2 所示，最大拉伸(或最小压缩)主应力 σ_{max} 位于从 1# 敏感栅方向起顺时针转过 β 角的方向。与此类似，最小拉伸(或最大压缩) σ_{min} 主应力位于从 3# 敏感栅方向起顺时针转过 β 角的方向。

(6) 按式(4-13)计算 β 角：

$$\beta=\frac{1}{2}\arctan\left(\frac{-T}{-Q}\right) \tag{4-13}$$

可利用单一自变量反正切函数来计算 β 角，一般的计算器都具备该功能，但是它可能会与真值间相差 $\pm 90°$。正确的角度值可以通过双自变量反正切函数来计算(在有些计算机命令中为 atan2)，该函数中分子和分母的符号是分开考虑的。或者，将单一自变量反正切函数的计算结果通过增加或减去 90°，使其达到表 4-2 所规定的角度范围。

表 4-2　　主应力方向角 β

T 取值	$Q>0$	$Q=0$	$Q<0$
$T<0$	$45°<\beta<90°$	45°	$0°<\beta<45°$
$T=0$	90°	不确定	90°
$T>0$	$-90°<\beta<-45°$	$-45°$	$-45°<\beta<0°$

(7) β 角为正值，如 $\beta=30°$，表示 σ_{max} 在 1# 敏感栅顺时针转动 30°的方向上。β 角为负值，如 $\beta=-30°$，表示 σ_{max} 在 1# 敏感栅逆时针转动 30°的方向上。一般来讲，σ_{max} 的方向与绝对值最大且符号为负(压缩)应变的方向相一致。

注： β 角的转动方向仅是针对敏感栅采用顺时针编号规则的应变花，例如图 4-2 所示的应变花。如果敏感栅编号采用的是逆时针编号规则，那么 β 角就应逆时针旋转。后者的 1# 和 3# 敏感栅的位置相对于前者刚好互换，新定义的 1# 敏感栅方向成了参考方向。当使用逆时针编号敏感栅时，如果 β 角为正值，如 $\beta=30°$ 表示 σ_{max} 在 1# 敏感栅逆时针转动 30°的方向上。除此之外，顺时针编号敏感栅和逆时针编号敏感栅在计算方法上都是相同的。

(8) 如果计算所得的主应力超过了材料屈服强度的 60%，即表明孔边材料发生了局部屈服。这种情况下无法给出定量的结果，只能给出“定性”的报告。总体上，当计算得到的应力值超过材料屈服强度的 60%时，即提示该应力值有所高估，实际值应比计算结果偏小一些。

2) 厚工件均匀应力计算

(1) 绘制应变 ε_1，ε_2 和 ε_3 与孔深间的关系曲线，确认数据点的变化趋势较为平滑。对存在较大误差和明显偏离主曲线的数据点应进行筛查，必要时重新钻孔。

(2) 根据不同深度下测得的 ε_1，ε_2 和 ε_3，采用式(4-3)—式(4-5)计算与之相关的组合应变 p，q 和 t。

(3) 为了验证残余应力沿孔深方向上是否大小一致，首先需要从各个孔深中挑选出 q 或 t 绝对值较大的那一组数据，将该处测得的组合应变 p 以及较大的 q 和 t 分别除以最大孔深所对应的组合应变(用百分比表示)。绘制这些百分比与对应孔深间的关系曲线。所得到的图形应与图 4-6 中的曲线很相近[11]。如果所得数据点明显偏离图 4-6 中的曲线(超过±3%)，则表明应力分布沿厚度方向是不均匀的，或者是应变测量存在较大误差。无论是哪种情况，这些数据都无法用于均匀应力场的计算，而采用非均匀应力测量方式会更合适一些。

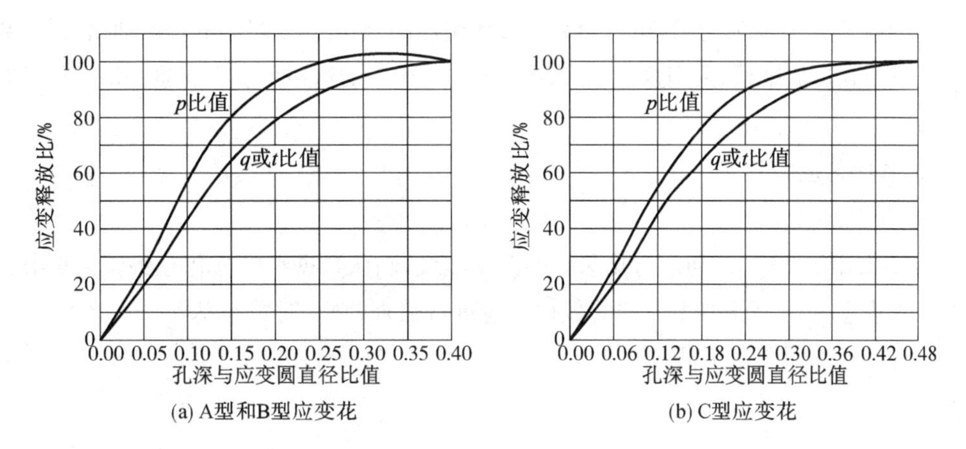

图 4-6　应变释放比与孔深关系曲线(应力沿厚度方向均匀分布)

注： 上述图形化的验证方式对均匀应力场并非足够敏感，那些具有非均匀应力场的工件也会呈现类似图 4-6 的应变曲线。该验证实验的主要目的是大致筛查出非均匀应力场以及应变测屈误差，该验证实验仅对“厚”工件适用。

(4) 在 8 个不同孔深处测得应变值 ε_1，ε_2 和 ε_3，根据表 4-2 选择不同孔深，孔径及应变花所对应的标定常数 $\boldsymbol{a}$ 和 $\boldsymbol{b}$。表中的数据根据有限元分析得到。

(5) 由相应的组合应变 p 和 q 和 t 按式(4-14)、式(4-15)和式(4-16)分别计算三个组合应力 P，Q 和 T，其中，$\sum$ 表示指定变屈在 8 个孔深处的总和。

$$P=-\frac{E}{1+\mu}\frac{\sum(\boldsymbol{a}\cdot p)}{\sum(\overline{a^2})} \tag{4-14}$$

$$Q=-E\frac{\sum(\boldsymbol{b}\cdot q)}{\sum(\overline{b^2})} \tag{4-15}$$

$$T=-E\frac{\sum(\boldsymbol{b}\cdot t)}{\sum(\overline{b^2})} \tag{4-16}$$

注： 可以仅将一组数据 ε_1，ε_2 和 ε_3，例如最大孔深处的应变测量值代入式(4-3)—

式(4-8)计算出组合应力 P, Q 和 T，采用该方式可对残余应力进行快速评估。然而应优先采用此处的平均计算方式，因为该方式将所有数据点都纳入计算，可以显著降低随机误差[12]。

(6) 根据薄工件中的步骤(5)～(8)计算笛卡儿应力 σ_x，σ_y 和 τ_{xy}，主应力 $\sigma_{\max}$ 和 $\sigma_{\min}$ 以及主应力方向角 β。

3) 中等厚度工件均匀应力计算

对于那些介于薄工件和厚工件之间的中等厚度工件不在本标准的技术范围内。如果工件的应力分布较为均匀，可以用表 4-2 中给出的“通孔”以及“盲孔”和“通”孔标定数据的内插值得到近似结果，采用这种方式计算出的残余应力应注明为“非标准”和“近似”结果。

2. 非均匀应力计算

1) 应变数据

(1) 绘制应变 ε_1，ε_2 和 ε_3 与孔深间的关系曲线，确认数据点的变化趋势较为平滑。对存在较大误差和明显偏离主曲线的数据点应进行筛查，必要时重新钻孔。

(2) 根据不同深度下测得的 ε_1，ε_2 和 ε_3，代入式(4-17)—式(4-19)分别计算组合应变。

$$p_j = \frac{(\varepsilon_3 + \varepsilon_1)_j}{2} \tag{4-17}$$

$$q_j = \frac{(\varepsilon_3 - \varepsilon_1)_j}{2} \tag{4-18}$$

$$t_j = \frac{(\varepsilon_3 + \varepsilon_1 - 2\varepsilon_2)_j}{2} \tag{4-19}$$

注： 式中的下标 j 代表应变值 ε_1，ε_2 和 ε_3 所对应的不同步进深度序号。

(3) 按式(4-20)—式(4-22)分别估算组合应变的标准差[13]：

$$p_{\text{std}}^2 = \sum_{j=1}^{n-3} \frac{(p_j - 3p_{j+1} + 3p_{j+2} - p_{j+3})^2}{20(n-3)} \tag{4-20}$$

$$q_{\text{std}}^2 = \sum_{j=1}^{n-3} \frac{(q_j - 3q_{j+1} + 3q_{j+2} - q_{j+3})^2}{20(n-3)} \tag{4-21}$$

$$t_{\text{std}}^2 = \sum_{j=1}^{n-3} \frac{(t_j - 3t_{j+1} + 3t_{j+2} - t_{j+3})^2}{20(n-3)} \tag{4-22}$$

注： 式中的 n 代表不同步进深度下所测应变值的序号，求和的取值范围 $1 \leqslant j \leqslant n-3$。

2) 标定矩阵

(1) 如果选择 A 型应变花，则采用《金属材料　残余应力测定　钻孔应变法》(GB/T

31310—2014)中表6和表7中的标定数据组成矩阵 $\boldsymbol{a}_{jk}$ 和 $\boldsymbol{b}_{jk}$。该表所列常数对应的是目前应用最为普遍的公称尺寸为1/16英寸的应变花。如果采用1/32英寸的应变花,则需将所有孔深和步进深度数据乘以修正系数0.5。如果采用1/8英寸的应变花,则需乘以修正系数2。

(2) 如果选择B型应变花,则采用《金属材料　残余应力测定　钻孔应变法》(GB/T 31310—2014)中表8和表9中的标定数据组成矩阵 $\boldsymbol{a}_{jk}$ 和 $\boldsymbol{b}_{jk}$,如果选择C型应变花,则需采用标准中表10和表11中的数据。B型和C型应变花通常仅有1/16英寸的一个公称尺寸。

(3)《金属材料　残余应力测定　钻孔应变法》(GB/T 31310—2014)中表6和表11中数值所对应的孔径均为2 mm,如果孔径实际测量值 D_0 与其不一致,则需乘以修正系数 $(D_0/2\ \mathrm{mm})^2$。

注1: 采用国际单位mm与英制单位inch所计算的结果差异较小,可以忽略该影响。

注2:《金属材料　残余应力测定　钻孔应变法》(GB/T 31310—2014)中表6和表11中所列数值均保留到小数点后5位数字,这是为了在进行矩阵计算时减少修约误差,实际上个别数据没有这么高的精度。

3) 应力计算方法

(1) 采用积分方式可以计算出不同孔深所对应的残余应力,其应变值需要求解下列矩阵方程:

$$\boldsymbol{a}P = \frac{E}{(1+\mu)}p \tag{4-23}$$

$$\boldsymbol{b}Q = Eq \tag{4-24}$$

$$\boldsymbol{b}T = Et \tag{4-25}$$

以上公式中:

$$P_k = \frac{(\sigma_y)_k + (\sigma_x)_k}{2} \tag{4-26}$$

$$Q_k = \frac{(\sigma_y)_k - (\sigma_x)_k}{2} \tag{4-27}$$

$$T_k = (\tau_{xy})_k \tag{4-28}$$

组合应变 p, q 和 t 可根据式(4-17)—式(4-19)确定。当钻孔所采用的步进次数较小时,可采用式(4-23)—式(4-25)计算残余应力。然而当钻孔所采用的步进次数较多时,矩阵 $\boldsymbol{a}$ 和矩阵 $\boldsymbol{b}$ 成了病态矩阵,在这种情况下,少许的应变测量误差可能导致应力计算结果产生很大的误差。为了减少这种效应,可采用下述的Tikhonov正则化方法。

(2) 组成三对角“二阶导数”矩阵 $\boldsymbol{c}$：

$$\boldsymbol{c}=\begin{pmatrix} 0 & 0 & & & \\ -1 & 2 & -1 & & \\ & -1 & 2 & -1 & \\ & & -1 & 2 & -1 \\ & & & 0 & 0 \end{pmatrix} \tag{4-29}$$

矩阵的行等于钻孔所采用的步进次数，第一行和最后一行为零，其余各行数据[−1　2　−1]沿对角线对称分布。

(3) 使用矩阵 $\boldsymbol{c}$ 代入式(4-23)—式(4-25)来实现 Tikhonov 二阶导数(平滑模型)正则化：

$$(\boldsymbol{a}^{\mathrm{T}}\boldsymbol{a}+\alpha_P\boldsymbol{c}^{\mathrm{T}}\boldsymbol{c})\boldsymbol{P}=\frac{E}{(1+\mu)}\boldsymbol{a}^{\mathrm{T}}\boldsymbol{p} \tag{4-30}$$

$$(\boldsymbol{b}^{\mathrm{T}}\boldsymbol{b}+\alpha_Q\boldsymbol{c}^{\mathrm{T}}\boldsymbol{c})\boldsymbol{Q}=E\boldsymbol{b}^{\mathrm{T}}\boldsymbol{q} \tag{4-31}$$

$$(\boldsymbol{b}^{\mathrm{T}}\boldsymbol{b}+\alpha_T\boldsymbol{c}^{\mathrm{T}}\boldsymbol{c})\boldsymbol{T}=E\boldsymbol{b}^{\mathrm{T}}\boldsymbol{t} \tag{4-32}$$

(4) 应力调整因子 α_P，α_Q 和 α_T 预设值的大小会影响到运算的次数，采用该方法进行运算会使应力结果更加平滑。如果因子为零，则式(4-30)—式(4-32)与先前未采用该方法的式(4-23)—式(4-25)是等同的。当选择较大的符号为正的调整因子时，曲线的平滑效果明显。如果调整因子过小的话，会在曲线上留有异常噪声，这种异常噪声会导致结果失真，在选择最优的调整参数时需处理好二者之间的关系。

(5) 首先预设较小的调整因子 α_P，α_Q 和 α_T，取值范围在 $10^{-6}\sim10^{-4}$ 之间为宜，求解式(4-30)—式(4-32)获得应力 P，Q 和 T。

(6) 由于采用了 Tikhonov(平滑模型)正则化方法，未经平滑处理的应变数据代入式(4-23)—式(4-25)所计算出的组合应力 P，Q 和 T 与平滑后的应变数据 p，q 和 t 无法准确对应，二者间的差异采用失配向量(misfit)表示，见式(4-33)—式(4-35)。

$$p_{\mathrm{misfit}}=p-\frac{1+\mu}{E}\boldsymbol{a}P \tag{4-33}$$

$$q_{\mathrm{misfit}}=q-\frac{1}{E}\boldsymbol{b}Q \tag{4-34}$$

$$t_{\mathrm{misfit}}=t-\frac{1}{E}\boldsymbol{b}T \tag{4-35}$$

(7) 计算“misfit”失配向量均值的平方，见式(4-36)—式(4-38)。

$$p_{\mathrm{rms}}^2=\frac{1}{n}\sum_{j=1}^{n}(p_{\mathrm{misfit}})_j^2 \tag{4-36}$$

$$q_{\mathrm{rms}}^2 = \frac{1}{n}\sum_{j=1}^{n}(q_{\mathrm{misfit}})_j^2 \tag{4-37}$$

$$t_{\mathrm{rms}}^2 = \frac{1}{n}\sum_{j=1}^{n}(t_{\mathrm{misfit}})_j^2 \tag{4-38}$$

(8) 如果 p_{rms}^2，q_{rms}^2，t_{rms}^2 与式(4-20)—式(4-22)中的 p_{std}^2，q_{std}^2，t_{std}^2 之间的差异小于5%,可以认为组合应力 P，Q 和 T 的计算结果可信,否则需要重新估计新的调整因子。

$$(\alpha_P)_{\mathrm{new}} = \frac{p_{\mathrm{std}}^2}{p_{\mathrm{rms}}^2}(\alpha_P)_{\mathrm{old}} \tag{4-39}$$

$$(\alpha_Q)_{\mathrm{new}} = \frac{q_{\mathrm{std}}^2}{q_{\mathrm{rms}}^2}(\alpha_Q)_{\mathrm{old}} \tag{4-40}$$

$$(\alpha_T)_{\mathrm{new}} = \frac{t_{\mathrm{std}}^2}{t_{\mathrm{rms}}^2}(\alpha_T)_{\mathrm{old}} \tag{4-41}$$

(9) 根据式(4-30)—式(4-41)重新计算新的组合应力 P，Q 和 T，直到满足差异小于5%的判据。

(10) 按式(4-42)、式(4-43)和式(4-44)分别计算：

$$(\sigma_x)_j = P_j - Q_j \tag{4-42}$$

$$(\sigma_y)_j = P_j + Q_j \tag{4-43}$$

$$(\tau_{xy})_j = T_j \tag{4-44}$$

(11) 按式(4-45)和按式(4-46)计算主应力和方向角：

$$\begin{cases}(\sigma_{\max})_k = P_k + \sqrt{Q_k^{\ 2} + T_k^{\ 2}} \\ (\sigma_{\min})_k = P_k - \sqrt{Q_k^{\ 2} + T_k^{\ 2}}\end{cases} \tag{4-45}$$

$$\beta_k = \frac{1}{2}\arctan\left(\frac{T_k}{-Q_k}\right) \tag{4-46}$$

(12) 以采用双自变量反正切函数(在有些计算机命令中为 atan2)来确定 P 的象限角,或者将单自变量反正切函数的计算结果增加或减去 90°,使其大小刚好处在表 4-3 所示的角度范围内。

(13) 如果 P 角为正值,例如 $\beta = 30°$,表示$\sigma_{\max}$ 位于 1# 应变计顺时针转动 30°的方向上;如果 β 角为负值,如 $\beta = -30°$ 表示$\sigma_{\max}$ 位于 1# 应变计逆时针转动 30°的方向上。

(14) 通常,$\sigma_{\max}$ 的方向与数值上绝对值最大且符号为负的(压缩)应变的方向紧密相关。当组合应力 Q 和 T 同时为零时,则表示该处为各向同性应力场,β 角无意义。

(15) 绘制 $\sigma_{\max}$ 和$\sigma_{\min}$ 与孔深的关系曲线,如果计算所得的应力超过了材料屈服强度值的 60%,这种情况下无法给出定量的结果,只能给出“定性”的报告。当计算得到的应力超过材料屈服强度值的 60%时，即提示该应力值有所高估，真实值通常比计算结果偏小。

3. 残余应力测量原始记录

1）均匀应力薄工件

(1) 每个应变花上的应变读数。

(2) 计算每个应变花上的 x 方向、y 方向应力以及主应力。

2）均匀应力厚工件

(1) 绘制每个应变花所对应的应变-孔深关系曲线。

(2) 将每个应变花上的应变 ε_1，ε_2 和 ε_3 列表。

(3) 计算每个应变花上的 x 方向、y 方向应力以及主应力。

3）非均匀应力状态厚工件

(1) 绘制每个应变花所对应的应变-孔深关系曲线。

(2) 将每个应变花上的 ε_1，ε_2 和ε_3 列表。

(3) 估计每个应变花上的应变标准差。

(4) 绘制每个应变花所对应的 x 方向、y 方向应力-孔深关系曲线并列表。

(5) 将每个应变花上的主应力和主方向角列表。

4. 方法 B：低速钻孔残余应力计算方法

(1) 采用低速钻技术（一般为手电钻），钻孔时的加工应变特别明显。另外考虑到该方法经常用在高残余应力场合，所以应力标定常数的确定应采用 4.3 节中的试验标定方法获取。

(2) 由于手工钻孔时的下压速度很难控制，所以钻孔时不再分步，而是一次钻到规定深度 $1.2\,D_0$。

(3) 根据测得的应变 ε_1，ε_2 和ε_3 和按式(4-3)—式(4-5)计算组合应变。

(4) 根据式(4-47)计算主应力 $\sigma_{\max}$ 和$\sigma_{\min}$：

$$\sigma_{\max}=\frac{p}{2A}+\frac{\sqrt{q^2/2+t^2/2}}{2B}$$
$$\sigma_{\min}=\frac{p}{2A}-\frac{\sqrt{q^2/2+t^2/2}}{2B} \tag{4-47}$$

式中，A，B 为应力标定常数。

初次计算时采用 $0.3\sigma_s$ 对应的系数，如果所得应力接近材料的 $0.7\sigma_s$ 或 $0.9\sigma_s$，再选用相应应力下的 A，B 标定系数重新计算。

(5) 方向角按照薄工件计算方法计算。

（6）如果计算沿应变计 1 和 3 方向的应力值，则按式(4-48)—式(4-49)计算：

$$\sigma_1 = C_1(\Delta \varepsilon_1 + C_2 \Delta \varepsilon_3) \tag{4-48}$$

$$\sigma_1 = C_1(\Delta \varepsilon_3 + C_2 \Delta \varepsilon_1) \tag{4-49}$$

式中，$C_1 = (A+B)/(4AB)$；$C_2 = (B-A)/(A+B)$。

4.1.7 实验报告

试验报告应包含以下内容：

（1）本标准编号。

（2）测点位置。

（3）钻孔方式。

（4）工件名称和测试材料。

（5）应变花的型号和几何尺寸。

（6）残余应力测量结果。

4.1.8 精度和偏差

1. 试验技术

（1）操作者的技能和熟练程度可能是影响测试结果精度的最重要因素之一。

（2）如果没有现成的残余应力标准样品，建议利用应力分布较为明确的各种部件来校验测量仪器，如四点弯曲梁或环套组件。如果有可能的话，应将钻孔法的测试结果与其他方法进行比对。

（3）小尺寸的应变花可能更适于近表面残余应力的测试。然而，在具体操作过程中，小应变花比大应变花在某些方面(钻孔精度、孔深控制等)会产生更大的测量误差。

2. 均匀应力测量

（1）采用钻孔法测量均匀状态残余应力时，如果误差小于 10%，即表明沿孔深方向残余应力的分布是均匀的，并且钻孔时也未给材料带来较大的切削应力。目前对残余应力是否沿孔深方向存在较大变化还难以准确判断，这是因为图 4-6 所示的应力均匀性测试对其并不敏感。残余应力通常是由各种加工、成形、焊接和其他生产工序所引起的，这些工序中都涉及热量传导到或穿过工件表面的过程。因此在工件表面一般都存在着应力梯度，均匀分布的残余应力较为罕见。如果没有认识到应力分布是不均匀的，那么测量误差可能会大大超过 10%，往往会在最大应力方向上有所低估。

（2）采用消除残余应力处理的 AISI 1018 碳钢试样进行了一轮比对试验。8 个不同实验室针对 8 个标准试样，采用不同的钻孔方式包括高速(空气涡轮)、低速(传统电钻)以及喷砂钻孔进行了总共 26 组测试，该组数据的标准偏差为 14 MPa。

(3) 将采用消除残余应力处理的304不锈钢试样进行了一轮比对试验。有35个实验室采用不同方式对46个标准试样进行了测试，其中采用高速钻孔或喷砂钻孔方式共获得了46组应力测量结果，该组数据的标准偏差不超过12 MPa，而用低速钻孔方法所获得的另外6组结果与前者不一致。

(4) 如果试样上存在着应力，可以预见在这种试样上观测应力的变化要远比那些无应力试样容易得多。

(5) 针对碳钢或不锈钢所进行的钻孔法应力测量精度的评估可能并不适用于其他材料，它们所具有的机加工特性与钢铁产品存在明显不同，甚至同类材料的机加工特性也有差异。有关文献指出，高速钻孔技术对铜、铝、锌等合金较为有效。

(6) 在某个特定孔深处有多种因素会导致随机误差，例如应变读数误差、应变计异常、环境变化等。采用式(4-15)—式(4-17)可以减少随机误差对测试结果的影响，提高测量精度。

(7) 如果要测试同一级别的残余应力，具有6个敏感栅的C型应变花要比仅有3个敏感栅的A型和B型应变花多出3个输出通道，这样就可以增加电信号的灵敏性，从而提高钻孔法的测量精度。然而采用C型应变花的成本较高且接线花费时间长。因此对于常规测试而言，A型和B型应变花的测量结果同样可满足测试要求。C型应变花更适合于重要场合以及那些低导热系数的材料。

3. 非均匀应力测量

(1) 虽然目前尚未对非均匀应力测量的准确性开展进一步的评估，但可以预见该类应力的标准偏差比测量均匀应力大得多。有些研究验证了是否可以采用钻孔法测试喷丸形成的非均匀应力场。由于存在着应力梯度，因此很难确定单一的不确定度或标准偏差，而须将整个孔深范围内的应力值都考虑在内。与均匀应力场相比，在非均匀应力场最靠近表面的几个步进深度内，测试数据的变化较为明显。

(2) 某些因素会影响到测量精度和准确性，例如钻孔偏心，近表面存在大的应力梯度，在头几个钻孔步进深度内测得的应变量较小以及孔深零基准面的确定。

(3) 孔深零基准面的确定对于近表面应力的测试极为重要，这是因为该基准面定位的不确定度将极大地影响到第一个步进深度内的应力计算，此时，基准面定位与表面粗糙度对不确定度的影响一样重要。

4.2 X射线测残余应力

4.2.1 X射线检测技术研究现状

伦琴在1895年发现了X射线，随后1912年劳埃等人发现了X射线的晶体衍射现象，为后面 X 射线衍射检测的研究奠定了基础。Machearauch 在 1961 年发明了 X 射线测量的 $\sin^2\psi$ 法，这为 X 射线检测残余应力的分析做出了巨大贡献，目前主要的测试方法依然为 $\sin^2\psi$ 法。国内外的学者们采取 X 射线法对各种材料的残余应力进行了研究[8-13]。2013 年，M. G. Ostapenko 用 X 射线法比较了 NiTi 合金在经过电子束处理后表面的残余应力变化，他发现经过处理后的材料表面应力可以达到约 550 MPa（被电子束熔化并且迅速淬火的部分），而内部残余应力只有不到 100 MPa，他分析应力诱导的 B19 马氏体形成于改性层下的材料层中。2015 年，J. P. Oliveira 使用同步辐射对 NiTi 激光焊接接头的不同区域进行了精细探测。他发现热影响区和熔合区的纵向残余应力都是拉伸应力；而横向应力则与之相反。经过分析是由于焊接过程中在横向上施加了约束，导致压缩应力更加明显。Mark A. Iadicola 研究了 AA5754 铝合金的有效 X 射线弹性常数，他使用了单轴拉伸试验来研究 AA5754 铝合金在单轴和等双轴变形后弹性常数的变化。这些测得的有效 X 射线弹性常数随着变形的增大显示出微量的变化，而且不仅适用于单轴样品，也适用于双轴应变的样品。除此之外，这些修正的数据显示出一些非线性行为，经过分析发现，这种非线性行为与织构现象和晶间应力存在关系。贾晓亮等人研究了一种用于核工业的新型陶瓷材料在残余应力测量中所必须给出的应力常数 K 的标定方法。本次研究中，用该种陶瓷制成一等强梁。先用 X 射线应力仪对材料进行定峰，再在等强梁轴线上贴三个纵向应变片，应用电测法和 X 射线应力仪通过分段加载采集应力-应变值，利用力学原理完成应力常数 K 的标定。从而为之后测量这种新型材料所制成的机械结构的残余应力提供了方便。何家文等人也用相似的原理测量了钨合金的应力常数。北华航天工业学院的张秋霞以 5A06 铝合金为研究对象，研究 X 射线衍射法检测铝合金 VPPA 焊接残余应力的检测参数优化技术，并通过金相组织分析、异常数据处理等方法对焊接残余应力检测参数进行进一步分析与优化。最后采用 X 射线衍射法与散斑法、应变片法的对比修正，对消除 X 射线衍射法系统误差进行了初步探索和研究。结果发现，Co 靶比 Cu 靶更适合检测 5A06 铝合金的残余应力；通过金相组织分析对残余应力分布规律进行了进一步解释，5A06 铝合金的焊接残余应力具备中间拉两边压的分布规律，且热影响区的残余应力最大。M. Gelfi 使用了基于全二维探测器的残余应力分析仪来检测 Ti 粉和 Fe 粉以及薄膜表面的残余应力，并将结果与传统的 $\sin^2\psi$ 法进行比较。最后得出结论：全二维的探测器检测更加快速，并且避免了由于衍射器未对准造成的误差，其得到的残余应力检测结果失真率与 $\sin^2\psi$ 法有一个相似的线性关系。Jia-Siang Wang 和 Chih-Chun Hsieh 等人也使用日本 Pulstec 公司生产的基于全二维探测器的残余应力分析仪来研究 Mg 合金在经过振动时效后的应力释放和织构的关系，其设备原理是根据德拜环得出残余应力。

4.2.2 X 射线检测原理

当多晶材料中存在内应力时，必然还存在内应变与之对应，造成局部区域的变形，并导致晶面间距发生变化。反之，通过分析 X 射线衍射谱上的衍射信息可以测量出同一晶面衍射角的差异，利用布拉格方程得出晶面间距的变化，接着求出应变的大小，而应变和应力之间满足胡克定律的关系，最后可以得出材料中内应力的大小。

英国物理学家布拉格父子于 1913 年提出了布拉格方程，他们发现可以将晶体的空间点阵看成是一组晶面间距相等并且互为平行的一组平面点阵，某类晶面对 X 射线的反射可以看作是晶体对 X 射线的衍射。当具有无规则晶体取向并且晶粒较细的多晶材料受到波长为 λ 的 X 射线照射时，入射线、反射线和平面发现在同一个平面内，它们的光程差 $2d\sin\theta$ 是波长的整数倍，即

$$2d\sin\theta = n\lambda \tag{4-50}$$

式中 d——晶面间距；

θ——布拉格角，2θ 就是入射线与衍射线间的夹角；

n——衍射级数，取整数 1, 2, 3, …；

λ——入射线的波长。

式(4-50)为布拉格方程的一般表达式。关于 X 射线衍射对于布拉格公式的使用有几点需要说明，由公式可知 $\sin\theta = n\lambda/(2d) \leqslant 1$，所以只有当入射线的波长 $\lambda < 2d$ 的时候才能满足衍射条件；反过来说，只有晶面满足晶面间距 $d > \lambda^2$ 时才能发生衍射。推导布拉格公式的前提是简单理想晶体，但是在实际情况中，有些晶体不只是简单的平面点阵，所以导致衍射强度较低。

4.2.3 X 射线衍射仪测试原理

材料体积单元中存在 6 个应力分量，σ_x，σ_y，σ_z 分别为 x 轴、y 轴、z 轴方向的正应力分量，τ_x，τ_y，τ_z 分别表示三个方向切应力分量。图 4-7 为直角坐标系，其中 σ_1、σ_2 分别表示平面内应力的最大值和最小值，ϕ 和 ψ 为空间任意方向 OP 的两个方位角，ψ 为 OP 与样品表面法线的夹角，ϕ 是 OP 在样品平面上的投影与 x 轴的夹角，$\varepsilon_{\phi\psi}$ 为材料沿 OP 方向的弹性应变，如图 4-7 所示。

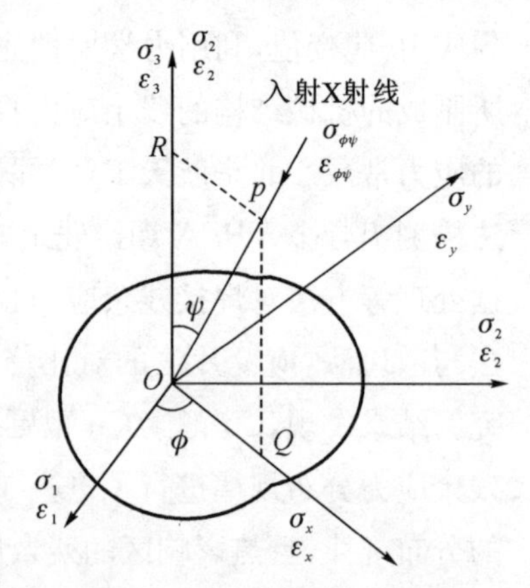

图 4-7 应力测量空间坐标

根据弹性力学理论，应变 $\varepsilon_{\phi\psi}$ 可表示为

$$\begin{aligned}\varepsilon_{\phi\psi} = &\frac{1+v}{E}(\sigma_1\cos^2\phi + \tau_{12}\sin 2\phi + \sigma_2\sin^2\phi - \sigma_3)\sin^2\psi + \\ &\frac{1+v}{E}(\tau_{13}\cos\phi + \tau_{23}\sin\phi)\sin^2\psi + \\ &\frac{1+v}{E}\sigma_3 - \frac{v}{E}(\sigma_1+\sigma_2+\sigma_3)\end{aligned} \tag{4-51}$$

式中 E——材料的弹性模量；

ν——泊松比。

此公式为宏观应力和应变之间的关系。根据布拉格方程，此处应变：

$$\varepsilon_{\phi\psi} = \frac{d_{\phi\psi} - d_0}{d_0} \tag{4-52}$$

式中，d_0 是材料无应力状态的晶面间距，此公式为晶面间距和应变的关系。将式(4-51)与式(4-52)相结合则可以通过微观的晶面间距求得宏观应力，此为X射线检测残余应力的理论基础。X射线的穿透能力较弱，只能测得材料表面的残余应力，可以将材料表面的应力视为二维应力，法线方向应力为零，即 $\sigma_z = \tau_{xz} = \tau_{yz} = 0$。将方位角 ϕ 分别设为0°，90°和45°，并对式(4-51)中的 $\sin^2\psi$ 求偏导，整理，得：

$$\sigma = K\frac{\partial 2\theta}{\partial \sin^2\phi} \tag{4-53}$$

$$K = -\frac{E}{2(1+\nu)}\cot\theta\frac{\pi}{180} \tag{4-54}$$

式(4-54)中的 K 被定义为X射线应力常数，$\frac{\partial 2\theta}{\partial \sin^2\psi}$ 为试验测得，本公式为X射线衍射法检测残余应力的基本公式。

1. 传统 $\sin^2\psi$ 法

假设选择 n 个 ψ 角进行测量，那么最小二乘法的结果为

$$\frac{\partial 2\theta}{\partial \sin^2\psi} = \frac{n\sum_{i=1}^{n} 2\,\theta_i \sin^2\psi_i - \sum_{i=1}^{n} 2\,\theta_i \sum_{i=1}^{n} \sin^2\psi_i}{n\sum_{i=1}^{n} \sin^4\psi_i - \left(\sum_{i=1}^{n} \sin^2\psi_i\right)^2} \tag{4-55}$$

最后利用公式 $\sigma_x = \frac{\partial 2\theta}{\partial \sin^2\psi}$，用已知的应力常数与斜率相乘就可获得最终的残余应力数值。根据 ψ 平面和 2θ 所在平面的关系，应力测量方法可以分为同倾法和侧倾法两种测量方式。同倾法的衍射几何特点是 ψ 平面与测角仪 2θ 扫描平面重合。而同倾法又分为固定 ψ_0 法和固定 ψ 法。固定 ψ_0 法在反射X射线的接收过程中入射角 ψ_0 保持不变，在应力测试过程中，通过改变入射线与试样表面法线之间的夹角 ψ_0 来计算残余应力；固定 ψ 法的原理是在测角头扫描的过程中，2θ 角的衍射面的法线固定在不变的 ψ 角方向。在测量过程中，X射线管与探测器等速相向（或相反）而行，固定晶面法线的入射角与反射角相等时接收反射X射线，通过改变一系列衍射晶面法线与试样表面法线的夹角 ψ 来检测残余应力。这两种同倾法都适用于应力仪检测残余应力。

2. cos α 法

近年来,二维探测器处于快速发展阶段,这种探测器可以收集衍射环的衍射信息,已经集成在同步辐射仪器或者实验室的测试系统中,并已应用于不同材料的应力分析中。当用二维探测器进行应力测量时,在每个样品方向上,衍射环的畸变可直接用于应力计算。此外,结合二维图像的强度,可以获得 2θ 角平面的图形,并利用传统的粉末衍射分析软件对其进行分析。二维探测器与微束衍射相结合,使得 X 射线衍射技术在尺寸缩小的器件、元件、薄膜和涂层上有了新的应用。应力实测的角度设置如图 4-7 所示。当试件在平面应力作用下,沿德拜环圆周角 α 方向的法向应变为

$$\varepsilon(\alpha) = a_0 + a_1 \cos\alpha + b_1 \sin\alpha + a_2 \cos 2\alpha + b_2 \sin 2\alpha \tag{4-56}$$

常数项 a_0 不影响测试结果,因此被省略。这里将上式看作近似平面应力。可以用与应力测试有关的杨氏模量 E 和泊松比 ν 来表示上述公式的各项系数。

$$\begin{cases} a_1 = -\dfrac{1+\nu}{E}\sin 2\eta \sin 2\psi_0 \cdot \sigma_x \\ b_1 = \dfrac{1+\nu}{E}\sin 2\eta \sin 2\psi_0 \cdot \tau_{xy} \\ a_2 = \dfrac{1+\nu}{2E}\sin^2\eta(\cos^2\psi_0\, \sigma_x - \sigma_y) \\ b_2 = -\dfrac{1+\nu}{2E}\sin^2\eta \cos\psi_0 \cdot \sigma_y \end{cases} \tag{4-57}$$

式(4-57)中,η 是衍射角 θ 的互余角 $\left(\eta = \dfrac{\pi}{2-\theta}\right)$,$\psi_0$ 是样品表面法线与 X 射线入射角之间的夹角,而 σ_x,σ_y 和 τ_{xy} 分别是纵向应力、横向应力和剪切应力。值得注意的是,ψ_0 与传统上表示试样表面相对于衍射矢量的法向倾角的 ψ 不同。为了简化,在下面的讨论中,将 ψ_0 称为“X 射线入射角”或“入射角”。试件的应力可用下列公式来计算。

$$\sigma_x = -\frac{2E}{1+\nu} \cdot \frac{1}{\sin 2\eta \sin 2\psi_0} \cdot a_1 \tag{4-58}$$

$$\tau_x = -\frac{E}{1+\nu} \cdot \frac{1}{\sin 2\eta \sin 2\psi_0} \cdot b_1 \tag{4-59}$$

德拜环在前衍射角 ($2\theta < 90°$) 给出了更多关于应力张量评估的信息,由于 ψ 角的虚拟扫描覆盖范围很大(从 0°到大约 80°,这取决于 2θ 的位置和图像板的大小)。在薄膜或者涂层材料中,经常在只有在小角度下才有明确的峰值,可以利用此方法计算残余应力[8]。通过上述讨论,发现通过单次曝光,用一个 X 射线衍射图像就可以计算选定方向的残余应力。这种测试方法的优点是:

(1) 单次曝光,测量时间更短;

(2) 固定的样品位置和光束位置,因此不存在机械衍射元件旋转带来的统计误差;

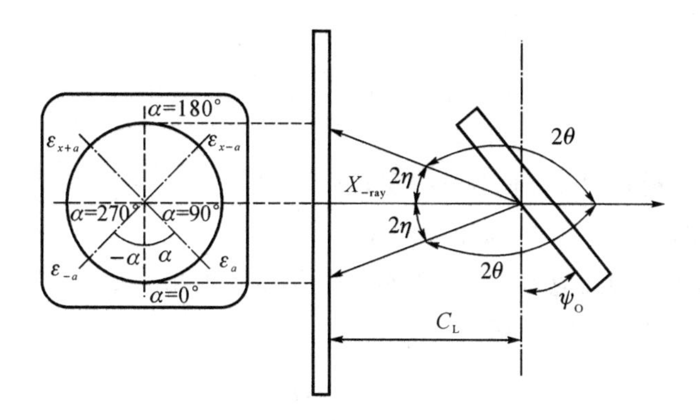

图 4-8　应力测量角度

(3) 由于入射角固定，所以测试深度固定。

4.2.3　数据处理

1. 测试方法

测试方法按照不同的分类方法有同倾法、侧倾法、固定仰法、固定心法和摆动法等，在不同的测试仪器上这些方法还可以进行各种组合。应根据待测工件的材质和状态、所用辐射和衍射角、待测部位的空间条件合理选择测试方法。

2. 衍射曲线的获得及衍射峰位的确定

(1) 应根据所用设备的特性，选择适当的辐射条件和探测扫描方式获得原始衍射曲线。

(2) 应对扫描测得的原始衍射曲线进行背底校正，在同倾法情况下还应进行强度因子校正。

(3) 确定衍射线峰位置(定峰方法)可采用半高宽法、抛物线法、重心法以及交相关法，具体处理方法参见 4.4 节内容。

3. 应力值计算

(1) 得到对应于若干 ψ_i 角的衍射峰位 $2\theta_i$ 之后，采用最小二乘法将这些 $2\theta_i-\sin^2\psi_i$ 数据点拟合成直线，直线斜率 M 由式(4-60)计算：

$$M=\frac{\sum_{i=1}^{n}2\theta_i\sum_{i=1}^{n}\sin^2\psi_i-n\sum_{i=1}^{n}(2\theta_i\sin^2\psi_i)}{\left(\sum_{i=1}^{n}\sin^2\psi_i\right)^2-n\sum_{i=1}^{n}\sin^4\psi_i} \tag{4-60}$$

式中　θ_i ——被测材料的 X 射线衍射角；

θ_i ——被测试样表面法线和衍射晶面法线的夹角。

(2) 应力常数 K 按式(4-61)计算：

$$K = -\frac{E}{2(1+\mu)}\cot\theta_0 \frac{\pi}{180} \tag{4-61}$$

式中 E ——被测材料相关晶面弹性模量；

μ ——被测材料相关品晶面泊松比；

θ_0 ——被测材料无应力状态下材料的 X 射线衍射角的 1/2。

应力测定值按式(4-62)计算：

$$\sigma_x = KM \tag{4-62}$$

式中 σ_x —— X 方向的应力，MPa；

K ——应力常数，MPa/(°)。

(3) 铁素体钢系和奥氏体钢系的常用辐射、衍射晶面和应力常数等如表 4-3 所示。

表 4-3　铁索体和奥氏体钢系的常用辐射、衍射晶面和应力常数

钢系名称	辐射	X 射线波长/nm	衍射晶面	X 射线弹性常数 E/GPa	泊松比 ν	晶格常数 a_0 /nm	衍射角 θ_0 /(°)	应力常数 K /[MPa·(°)$^{-1}$]
铁素体	CrKα[a]	0.229 09	(211)	227.5	0.3	0.286 64	156.4	−318
奥氏体	CrKβ[b]	0.208 48	(311)	192.3	0.3	0.359 2	148.52	−366

注：在接收光阑处可采用厚度为 0.016 mm 的钒滤波片；在接收光阑处不加钒滤波。

4. 应力测试误差

对于晶粒细小、无织构的多晶体材料，由各种随机因素造成的应力测试误差可由公式(4-63)计算：

$$\Delta\sigma = K\Delta M \tag{4-63}$$

式中 $\Delta\sigma$ ——应力测试误差，MPa；

K ——应力常数，MPa/(°)；

ΔM —— $2\theta_i - \sin 2\psi_i$ 拟合直线斜率误差。

ΔM 按下式计算：

$$\Delta M = t(a,\ n-2)\sqrt{\frac{\sum_{i=1}^{n}[y_i - (A + Mx_i)]^2}{(n-2)\sum_{i=1}^{n}(x_i - \bar{x})^2}} \tag{4-64}$$

其中：

$$x_i = \sin^2\psi_i$$

$$y_i = 2\theta_i$$

$$\bar{x} = \frac{1}{n}\sum_{i=1}^{n} x_i$$

$$\bar{y} = \frac{1}{n}\sum_{i=1}^{n} y_i$$

$$A = \bar{y} - M\bar{x}$$

式中，$t(a, n-2)$ 对应自由度为$(n-2)$、可信度为$(t-a)$ 的 t 分布值；n 为 ψ 角的个数。

注：观察获得的对应于各个 ψ_i 角的衍射峰，如果峰形异常，或者各个衍射峰最大强度相差 30%以上，得到的 ΔM 显著超出正常的测试误差范围，可以判定 ΔM 是由材料晶粒粗大或存在织构引起的，而不是正常的偶然误差。

4.2.4 测试程序

1. 测点表面要求

(1) 测试对象表面应无污垢、油膜、厚氧化层、磕碰划伤和因砂纸打磨产生的附加应力层等，表面粗糙度 R_a 应小于 10 μm。

(2) 当被测表面不满足上述要求时，应对表面进行清理和电解抛光或化学抛光处理。

2. 测试装置要求

测试装置应满足下列要求：

(1) 对于固定的零应力粉末试样，重复测试不少于 5 次，其衍射角测量值波动在 $\pm 0.015°$ 范围内。

(2) 当测试装置进行中角 ψ 和 2θ 方向转动时，测点处 X 射线光斑中心偏移量应小于 0.5 mm。

(3) 对无织构、晶粒细小、具有敏锐衍射峰(半高宽小于 3°)的已知应力试样，用该测试装置测试的应力误差不超过 ±14 MPa。

3. 试样设置

(1) 准确设置试样，使待测点与测角仪的回转中心重合。

(2) 在固定 ψ_0 法的情况下，待测点表面法线与测角仪的 $\psi_0 = 0°$ 方向相重合；在固定 ψ 法的情况下，使该点表面法线与测角仪的 $\psi_0 = 0°$ 或 $\psi = 0°$ 方向相重合(视所用仪器的结构而定)，以保证 ψ 角的准确度。

(3) 通常要求设置 4 个及以上 ψ_0 或 ψ 角。采用固定 ψ_0 法时，ψ_0 角一般设置为 0°，15°，30°，45°；采用固定 ψ 法时，ψ 角一般设置为 0°，25°，35°，45°。也可根据实际情况调整上述设置。在确认被测材料晶粒细小、无织构的前提下，可设置两个 ψ_0 或 ψ 角，一般设置为 0° 和 45°。

4. 测试条件选择

(1) 2θ 扫描范围的设定原则是使在各个 ψ 角所得到的衍射曲线都呈现完整的衍射峰。

(2) 扫描步距、计数时间的选择原则是使获得的衍射峰随机波动较小，相对比较平滑，并有较高的峰背比。缩小扫描步距、延长计数时间有利于提高测量精度。

(3) X 射线管电压应是其靶材激发电压的 3～5 倍。

(4) X 射线管电流越大，则发射的 X 射线强度越高。在所用仪器允许的范围内，在尽量降低辐射和能耗的原则下，与计数时间、扫描步距配合调节管电流，使得衍射曲线随机波动较小，达到足够的测量精度。

5. 测试报告

测试报告应包括试样名称、试样状态、应力方向、测试方法、所用 X 射线、衍射晶面、应力常数、测试条件、定峰方法、应力值、误差，并应给出衍射角、衍射强度和半高宽等数据。

6. X 射线防护

采用 X 射线衍射法测试残余应力时，应采取必要的防护措施，如屏蔽防护、距离防护和时间防护等，确保操作人员和周围工作人员的人身安全。

4.3 低速钻孔标定实验及计算公式

采用钻孔法测定高值残余应力时，可能产生的重要误差来源有两个：一个是小孔边缘应力集中产生的塑性变形，这在高值残余应力场中尤为明显；一个是钻孔过程中与刃具切削和残余应力大小有关的加工应变，这在采用低速钻时十分突出。为了克服实际测量过程中可能产生的这些误差，应该通过实验标定的方式解决。

采用低速钻孔时，常用钻孔刃具为直径 1.5 mm 或 2.0 mm 的麻花钻头，钻速为 1 500～3 000 r/min 的传统手电钻。采用钻头钻孔时引起的加工应变一般在几十微应变至几百微应变(负值)，其数值大小与材料有关(这一点与方法 A 不同)。旧钻头产生的加工应变要大于新钻头，所以规定每个钻头钻孔数量一般不应超过 15～20 个。对于不锈钢等类的钻孔，由于材料加工硬化能力强或硬度较高，要选择专用钻头，同时应变花和孔径的关系可不再受表 4-1 的限制，此时 D 值往往较大。

手工电钻钻孔时，由于钻具与定位套筒之间旋转摩擦，能产生较大的径向推力，所以要注意固定底座一定要与测试材料的表面黏结牢固，每个螺帽要完全锁紧。

在 A, B 常数标定时，一般规定标定应力不超过材料屈服强度 σ_s 的 1/3，这主要是考虑高应力下的应力集中效应。但是,如果要测定高应力场中的残余应力,就可以采用高应力下的标定常数,即将标定应力提高,例如提高到 $0.9\sigma_s$,在此应力下得到的 A, B 常数用于计算高值残余应力场将具有很好的精度。为了考虑精确测定其他水平的残余应力场,还可以选择另一个标定应力进行 A, B 常数的标定,比如 $\sigma=0.7\sigma_s$。有了这3种应力状态下的标定常数(即标定应力分别等于 $0.3\sigma_s$, $0.7\sigma_s$ 和 $0.9\sigma_s$),就可以很好地避免小孔边缘塑性变形引入的误差,从而得到较准确的残余应力计算值。这种方法可称为 A, B 常数的“分级标定”。

传统确定加工应变的方法是在无应力试板上测取的,而研究结果表明,在有应力试板测取的加工应变与它完全不同,其数值随应力水平而变。它们之间的关系可用一简单的线性方程表示。另外,加工应变与输出应变基本上是同号的,也就是说,对于压应力情况,输出应变为正值,加工应变也为正值,而在拉应力情况下,输出应变为负,加工应变也为负。这一现象与无应力下测取的加工应变性质大不相同,需要多加注意。

1. 标定实验及计算公式

标定实验是在标定试样上进行。对已粘贴应变花的标定试样(应变花类型可以不受表 4-1 限制),施加一个已知的单向应力场,使其中一个电阻应变计平行于外力方向,即最大主应力等于外加载荷引起的应力,钻盲孔,测量钻孔前后的释放应变,按式(4-65)、式(4-66)计算 A, B 值。

$$A=\frac{\varepsilon_1+\varepsilon_3}{2\sigma} \tag{4-65}$$

$$B=\frac{\varepsilon_1-\varepsilon_3}{2\sigma} \tag{4-66}$$

2. 标定试样

标定试样所用的材料应与待测材料相同。应先进行机械加工再进行消除应力退火处理,避免退火表面产生新的应力。为避免退火试样表面氧化严重,可以采用真空退火或气氛保护退火工艺。标定试样尺寸应符合图 4-9 和表 4-4 的规定。

表 4-4　标定用试样推荐尺寸

T	B	W	L_1	L_2	R—	d	a	b
$5D_0$	$60D_0$	$40D_0$	$150D_0$	$200D_0$	$10D_0$	$12D_0$	$1.0D_0$	$0.75D_0$

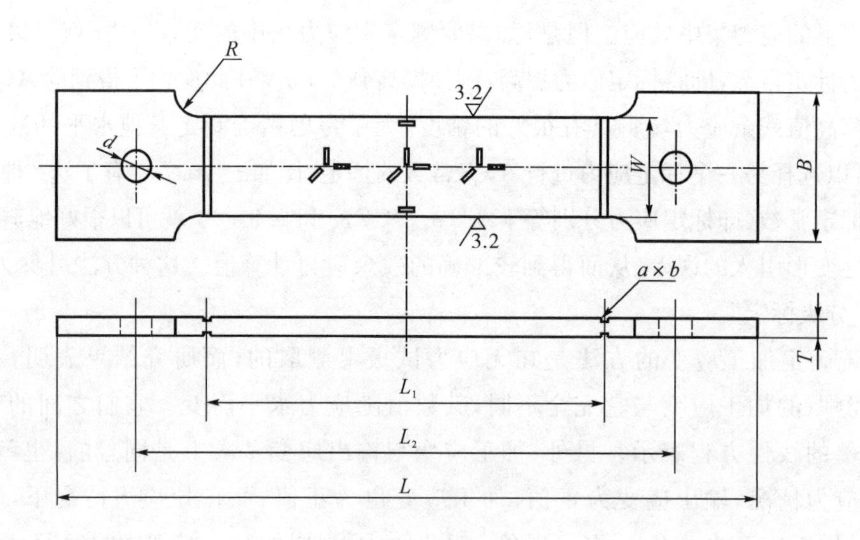

图 4-9 标定用试样

3. 标定用电阻应变花

(1) 标定试验所用的电阻应变花应与测定残余力时所用的应变花相同,互相垂直的两电阻应变计的方向应与标定试样的长度和宽度方向相一致。

(2) 标定试样受力后,横截面上的应力分布必须均匀,即横截面上不得有弯曲应力。实验时,应在试样两侧粘贴如图 4-9 所示的监视电阻应变计,使其应变读数差小于 5%。

4. 标定试验程序

(1) 将粘贴好电阻应变花的标定试样安装在材料试验机上,并将测量导线接至应变仪上调零,接上电源,加载至材料屈服强度的 0.5 倍,然后卸载,如此反复 1 次,观察应变输出的稳定性。如果数据稳定,卸载后的应变基本恢复到初值(最大误差小于 $10\mu\varepsilon$)则进行以下步骤,否则重新贴片。

(2) 将试样拉伸至 $0.3a$,记录加载时的应变读数。然后进行钻孔,孔的直径和深度应与实测时相同,即深度等于 1.2 倍孔径。记录钻孔后的应变读数。

(3) 重复步骤(2)过程,只是将加载应力分别改为 $0.7\sigma_s$ 和 $0.9\sigma_s$。

5. 数据处理

常数 A, B 的测量次数应不少于两次,如果两次比较误差超过 10%,应重新标定。两次标定得到 A, B 常数取平均值使用。

4.4 定峰方法

(1) 采用半高宽法时应以扣除背底的衍射峰最大强度 1/2 处峰宽中点所对应的角度

2θ 作为峰位。

(2) 采用抛物线法时把衍射峰顶部(峰值强度 80%以上部分)的点,用最小二乘法拟合成一条抛物线,以抛物线的顶点所对应的角度 2θ 作为峰位。

(3) 采用交相关法时,可得到两个 ψ 角的衍射峰位之差。对于两个属于不同 ψ 角的衍射曲线$f_1(2\theta)$ 和$f_2(2\theta)$,构造一个交相关函数:

$$F(\delta 2\theta) = \sum_{i=1}^{n} f_1(2\theta) f_2(2\theta + \delta 2\theta) \tag{4-67}$$

式中,$\delta 2\theta$ 为扫描步距角。

在一定范围内连续改变 $\delta 2\theta$ 得到 $F(\delta 2\theta)$ 曲线,然后对 $F(\delta 2\theta)$ 求极值,得到$f_1(2\theta)$ 和 $f_2(2\theta)$ 的峰位差 $\Delta 2\theta$。

4.5 小结

在残余应力测试过程中,很多时候不能破坏试样的表面完整性。目前残余应力检测在工程应用中多以无损检测为主。X 射线法是目前理论和标准最为成熟的无损检测方法,并且市面上已有多款便携式 X 射线应力测试仪,配备专门的分析软件,可以快速准确地实现在线测量。由于残余应力的测定对象是多种多样的,大致可分为:加工的部件,如各种冷加工、热加工的部件,有时可取样送至实验室进行测试;已经安装在整机上工作运行的部件,这种一般只能在现场进行测试,比如铁路轨道车辆车体大部件在工厂一般都是固定在焊接工位的工装夹具上,这种情况就必须需将应力仪架设在现场进行测试。

本章习题

1. 钻孔法测残余应力原理是什么，需要测试哪些关键参数？
2. 钻孔法测残余应力的特点是什么，具有哪些优缺点？
3. 钻孔法测残余应力的方法有哪些？
4. X射线测残余应力时运用了什么原理？
5. X射线测残余应力的特点是什么？具有哪些优缺点？

参 考 文 献

[1] BEGHINI M, BERTINI L, RAFFAELLI P. An Account of Plasticity in the Hole-Drilling Method for Residual Stress Measurement[J]. Journal of Strain Analysis, 1994, 30(3):227-233.

[2] RENDLER N J, VIGNESS I. Hole-Drilling Strain Gage Method of Measuring Resdual Stresses [J]. Experiment Mechanics, 1966, 6(12): 577-586.

[3] LU J D. Handbook of Measurement of Residual Stresses [M]. Society for Experimental Mechanics, Fairmont Press, Lilburn, GA, 1996.

[4] SCHAJER G S. Application of Finite Element Calculations to Residual Stress Measure ments[J]. Journal of Engineering Materials and Technology, Transactions, ASME, 1981, 103(4): 157-163.

[5] SCHAJER G S. Measurement of Non-Uniform Residual Stresses Using the Hole Drilling Method [J]. Journal of Engineering Materials and Technology, 1998, 110(4): 338-349.

[6] BEANEY E M. Accurate Measurement of Residual Stress on Any Steel Using the Centre Hole Method[J]. Strain, Journal BSSM, 1976, 12(3): 99-106.

[7] PERRY C C, LISSNER H R. Strain Gage Primer[M]. McGraw-Hill Book Co. , Inc. , New York, NY, 1955.

[8] FLAMAN M T. Investigation of Ultra-High Speed Drilling for Residual Stress Measurements by the Center Hole Method[J]. Experimental Mechanics, 1982, 22(1): 26-30.

[9] FLAMAN M T, HERRING J A. Ultra-High Speed Center-Hole Technique for Difficult Machining Materials[J]. Experimental Techniques, 1986, 10(1): 34-35.

[10] SCHAJER G S. Judgment of Residual Stress Field Uniformity when Using the Hole-Drilling Method[C]//Proceedings of the International Conference on Residual Stresses II, Nancy, France. November 23-25, 1988, pp. 71-77.

[11] KROENKE W C, Holloway A M, Mabe W R. Stress Calculation Update in ASTM E 837 Residual Stress Hole Drilling Standard[J]. Advances in Computational Engineering & Sciences, Tech Science Press, 2000(1): 695-699.

[12] SCHAJER G S. Hole-Drilling Residual Stress Profiling with Automated Smoothing[J]. Journal of Engineering Materials and Technology, 2007, 129(3): 440-445.

[13] GELFI M, BONTEMPI E, ROBERTI R. X-ray diffraction Debye Ring Analysis for Stress measurement (DRAST): a new method to evaluate residual stresses[J]. Acta Materialia, 2004, 52 (3): 583-589.

5　残余应力的计算方法及数值仿真

5.1　残余应力的计算方法

残余应力是当没有任何工作载荷作用时存在于构件内部且在整个构件内保持平衡的应力，它的形成因素较为复杂，理论计算也相当困难[1]。本章主要介绍残余应力的三种计算方法，即解析方法、工程估算方法以及数值计算方法。解析方法的适用面十分有限，绝大多数问题都无法得到精确的解析解；工程估算方法虽然应用方便，但缺少足够的实践经验及理论基础作为支撑，精度十分有限；数值计算方法提供了一种介于解析方法与工程估算方法之间的选择，既满足求解难度又满足求解精度的要求，因此，本节将着重介绍数值计算方法。

5.1.1　解析方法

当构件处于弹塑性状态时，若将外载荷卸除，则不但留有残余变形，而且留有残余应力。当材料超过屈服极限后，其应力-应变关系在加载时按塑性规律变化，而在卸载时按弹性规律变化，在一定条件下，由于二者应力分布规律的差异而引起了残余应力。

设加载应力为 σ，卸载应力为 σ'，则残余应力为

$$\sigma_0 = \sigma - \sigma' \tag{5-1}$$

通过两个实例进行简单说明。

1. 纯弯曲矩形界面简支梁的残余应力

(1) 理想弹塑性材料梁。设矩形截面梁宽为 b，高为 h，则对应于图 5-1(a)，(c)，弹性极限弯矩及塑性极限弯矩分别为

$$M_e = \frac{1}{6}bh^2\sigma_s, \quad M_p = \frac{1}{4}bh^2\sigma_s \tag{5-2}$$

图 5-1(b)所对应的“部分塑性”截面弯矩为

$$M_{ep} = \frac{1}{12}b(3h^2 - \xi^2)\sigma_s \tag{5-3}$$

式中，ξ 是弹性区尺寸，超过则构件进入塑性区。

由式(5-3)知，当 $\xi = h$ 时，即为图 5-1(a)所示情形；当 $\xi = 0$ 时，即为图 5-1(c)所示情形。

设在图 5-1(b)所示情形开始卸载，则按弹性规律变化的卸载应力为

$$\sigma' = \frac{M'}{I}z = \frac{\frac{1}{12}b(3h^2 - \xi^2)\sigma_s z}{\frac{1}{12}bh^3} = \frac{(3h^2 - \xi^2)\sigma_s z}{h^3} \tag{5-4}$$

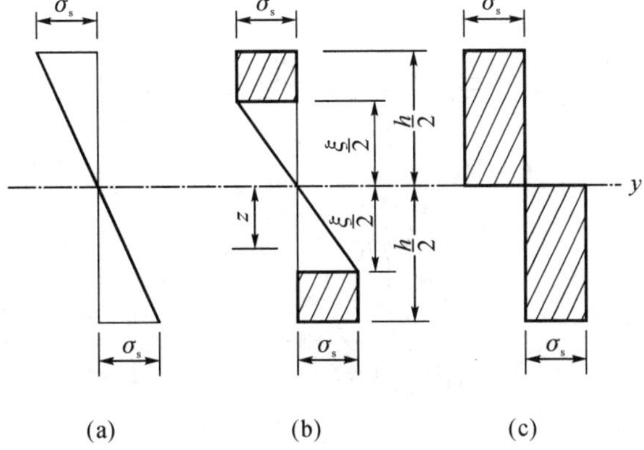

图 5-1　截面应力变化

截面残余应力分布如图 5-2 所示，残余应力对应的计算公式为

$$\begin{cases} \sigma_0 = \left[1 - \dfrac{(3h^2 + \xi^2)}{h^3}\right]\sigma_s & (z < \xi) \\ \sigma_0 = \left[\dfrac{1}{\xi} - \dfrac{(3h^2 + \xi^2)}{h^3}\right]z\sigma_s & (z \geqslant \xi) \end{cases} \tag{5-5}$$

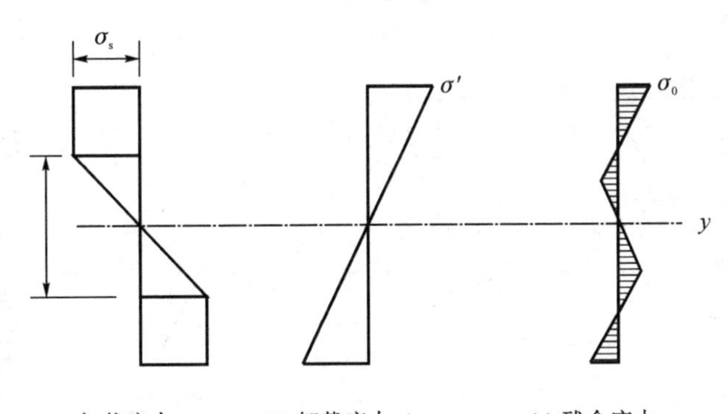

图 5-2　理想弹塑性材料梁

(2) 线性硬化材料梁。设矩形截面梁高为 h，宽为 b，则“部分塑性”截面弯矩为

$$M = \frac{1}{12}\left\{2\frac{E_1}{E}\frac{K}{K_s} + \left(1 - \frac{E_1}{E}\right)\left[3 - \left(\frac{K_s}{K}\right)^2\right]bh^2\sigma_s\right\} \tag{5-6}$$

式中，E_1 见图 5-3(a)，$K_s = 2\sigma_s/(Eh)$；根据式(5-6)可绘制 M-K 曲率图，于是可由 M 确定 K，而由式$\varepsilon_{max} = bk/2$ 确定ε_{max}，再由单向拉伸图 5-3(a)确定对应的 σ_{max}，而

$$\frac{h_s}{h} = \frac{\varepsilon_s}{\varepsilon_{max}} = \frac{K_s}{K} \tag{5-7}$$

由式(5-7)可求得 h，从而可确定截面应力分布图[图 5-3(c)]。

同样，卸载应力按弹性规律，如图 5-3(b)所示。设式(5-6)加载到 M，然后卸载，则卸载应力为

$$\sigma' = \frac{M}{I}z = \left\{2\frac{E_1}{E}\frac{K}{K_s} + \left(1-\frac{E_1}{E}\right)\left[3-\left(\frac{K_s}{K}\right)^2\right]\right\}\frac{z}{h}\sigma_s \tag{5-8}$$

如图 5-3(e)所示，残余应力为

$$\sigma_0 = \sigma - \sigma' = \begin{cases} \left(1-\frac{E_1}{E}\right)\left[\left(\frac{K_s}{K}\right)^2 + 2\frac{K}{K_s} - 3\right]\frac{z}{h}\sigma_s & \left(z < \frac{1}{2}h\right) \\ \left(1-\frac{E_1}{E}\right)\left\{\left[\left(\frac{K_s}{K}\right)^2 - 3\right]\frac{z}{h} - \frac{E_1}{E}\right\}\sigma_s & \left(z \geqslant \frac{1}{2}h\right) \end{cases} \tag{5-9}$$

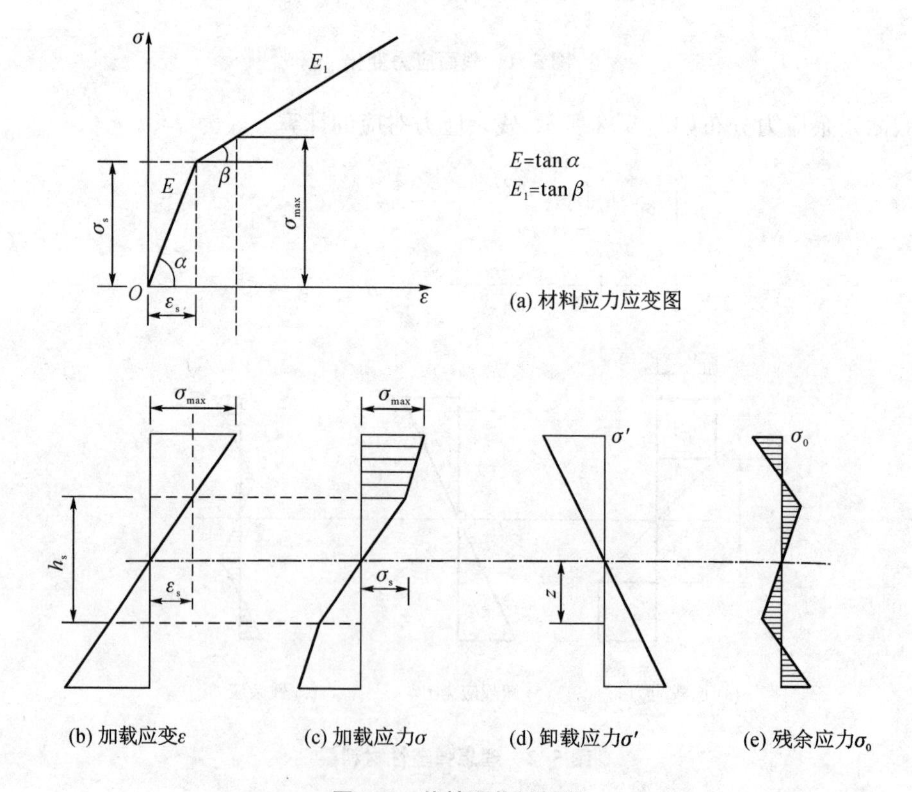

图 5-3　线性硬化材料梁

2. 理想弹塑性材料圆周扭转的残余应力

内半径为 a，外半径为 b 的空心圆截面柱体，并令 $c = a/b$，则加载时弹性极限扭矩

[图 5-4(a)]为

$$(M_z)_e = \frac{\pi}{2} b^3 (1 - C^4) \tau_s \tag{5-10}$$

式中，τ_s 为剪切屈服应力。而塑性极限扭矩[图 5-4(b)]为

$$(M_z)_p = \frac{2\pi}{3} b^3 (1 - C^3) \tau_s \tag{5-11}$$

设当截面全部屈服[图 5-4(b)]后卸载，则卸载应力[图 5-4(c)]为

$$\tau' = \frac{(M_z)_p}{I} r = \frac{4r(1 - C^3)}{3b(1 - C^4)} \tau_s \tag{5-12}$$

则残余应力[图 5-4(d)]为

$$\tau_0 = \tau_s - \tau' = \left[1 - \frac{4r(1 - C^3)}{3b(1 - C^4)}\right] \tau_s \tag{5-13}$$

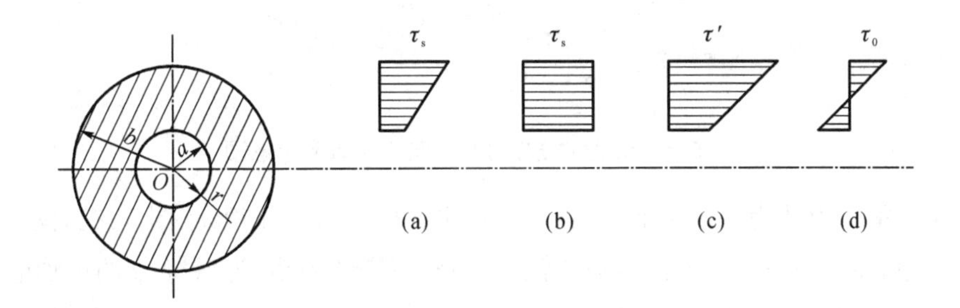

图 5-4　空心圆轴在加载与卸载情况下的应力分布

5.1.2　工程估算方法

往往工厂与工地现场缺乏测量设备而又急需掌握残余应力数量级概念，以便及时对现场故障进行分析处理，为此，有人提出一种估算残余应力的经验公式：

$$\sigma = kpqt \tag{5-14}$$

式中　k——常系数；

p——相变系数，它与工件的冷却速度、淬火热处理或焊接时的加热温度、回火温度、碳钢中的含碳量及合金钢中所含的合金元素与品种等诸多因素有关；

q——几何系数，它与工件的形状、尺寸等因素有关；

t——工艺系数，它随渗碳、渗氮、冷拔、磨削、滚轧等不同的工艺有关。

残余应力估算公式虽具有较为简洁的一般形式，但所涉及的系数众多，且较难确定合适的数值大小，因此该种估算方法十分粗糙。如今残余应力工程估算的发展思路是，在一定的理论基础之上，结合相关试验结果并拟合试验数据，得到一个针对某一具体问题的经验公式，并在此基础上做适当推广。该种方法能够大幅提升残余应力估算的精

度,下面以激光冲击波诱发的钢材料残余应力的估算[2]进行简单说明。

1. 激光冲击的基本力学模型

研究激光冲击力学模型时,做如下假设:假设被冲击工件材料为理想的钢塑性材料,在强冲击载荷的作用下,通常要发生大的塑性形变,冲击能量所做的功绝大部分要转变为塑性形变,只有小部分消耗于弹性能。所以,不仅可以忽略材料的弹性形变,而且可以忽略材料的应变强化效应。激光冲击力学效应的物理模型如图 5-5 所示。

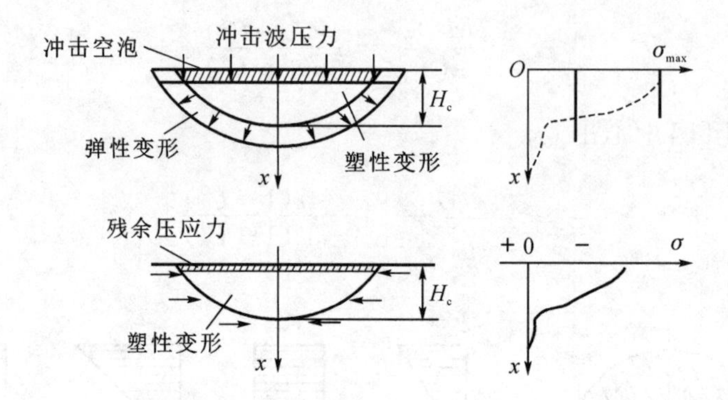

图 5-5 激光冲击塑性形变与力学效应示意图

激光冲击应力波为一维平面波,在激光冲击区取一个微体积元(图 5-6),仅在 z 方向考虑被压缩,即冲击波沿 z 方向传播。考虑应力和应变的关系,为保持σ_x 的单轴应变条件而假设$\sigma_y=\sigma_z$,仅 x 方向有弹塑性形变。激光冲击后弹性形变恢复不完全,导致了残余应力的产生。激光产生的冲击波压力在 x 方向上衰减很快,衰减程度取决于材料密度和材料本身的力学性能。定义冲击强化层厚度 H_c 为在 x 方向的金属工件表面至塑性形变边界区的距离,对应在宏观效应上,冲击区的硬度随着 x 的增大而下降,且残余应力与硬度增量有着对应关系。

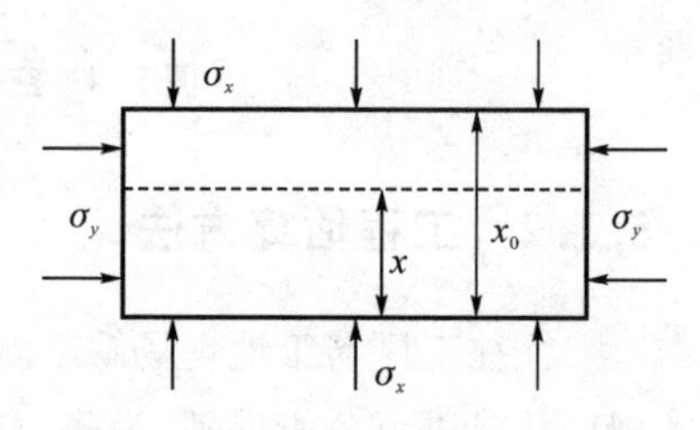

图 5-6 冲击形变微元体示意图

2. 残余应力计算公式的力学模型

根据 Mises 屈服准则有

$$|\sigma_x-\sigma_y|\leqslant\sigma_b \tag{5-15}$$

在弹性范围内,应力与应变关系为

$$\begin{cases}\sigma_x=\lambda\theta+2\mu\varepsilon_x\\ \sigma_y=\lambda\theta+2\mu\varepsilon_y\\ \sigma_z=\lambda\theta+2\mu\varepsilon_z\end{cases} \tag{5-16}$$

式中，$\theta=\varepsilon_x+\varepsilon_y+\varepsilon_z$，因为是单轴形变，侧面受到介质约束 $\varepsilon_x=(V_0-V)/V$，$\varepsilon_y=\varepsilon_z=0$，$V$ 为体积，V_0 为形变后体积，λ 和 μ 为材料的拉梅常数，ν 为泊松比，$\nu=\lambda/[2(\lambda+\mu)]$。

在塑性形变状态下，应变增量是弹性增量和塑性增量之和。因而在 x 方向有：

$$\mathrm{d}\varepsilon_x=\mathrm{d}\varepsilon_x^e+\mathrm{d}\varepsilon_x^p \tag{5-17}$$

因为不存在塑性膨胀，所以

$$\mathrm{d}\varepsilon_x^p+\mathrm{d}\varepsilon_y^p+\mathrm{d}\varepsilon_z^p=0 \tag{5-18}$$

微元体中的残余应力是由弹性和塑性形变引起的：

$$\begin{cases}\mathrm{d}\sigma_x=\lambda\mathrm{d}\theta+2\mu(\mathrm{d}\varepsilon_x^e+\mathrm{d}\varepsilon_x^p)\\ \mathrm{d}\sigma_y=\lambda\mathrm{d}\theta+2\mu(\mathrm{d}\varepsilon_y^e+\mathrm{d}\varepsilon_y^p)\\ \mathrm{d}\sigma_z=\lambda\mathrm{d}\theta+2\mu(\mathrm{d}\varepsilon_z^e+\mathrm{d}\varepsilon_z^p)\end{cases} \tag{5-19}$$

激光冲击应力作用后，在冲击强化区的 y，z 方向上由弹性应力引起的弹性形变难以完全恢复，所以，在激光冲击区形成残余应力，于是可得简单计算式：

$$\sigma_y=-\frac{\nu}{1-\nu}\sigma_x \tag{5-20}$$

实际上，σ_x 是随着冲击应力波的衰减而变化，故残余应力 σ_y 也是随着 x 的变化而变化，设[3]

$$\sigma_x\propto \mathrm{e}^{-x} \tag{5-21}$$

有

$$\sigma_x=\sigma_{\max}\,\mathrm{e}^{-bx} \tag{5-22}$$

$$\sigma_y=\frac{\nu}{\nu-1}\sigma_{\max}\,\mathrm{e}^{-bx} \tag{5-23}$$

式中，b 为参量，另外根据激光冲击波峰压公式：

$$P_{\max}=0.287\,\rho^{1/3}\cdot(A\cdot q_0)^{2/3} \tag{5-24}$$

式中　ρ——等离子体密度；

A——涂层吸收率；

q_0——激光功率密度。

若将 $\sigma_{\max}=P_{\max}$ 代入式(5-22)和式(5-23)中，则可得到 $P_{\max}$ 未卸载时的残余应力，但此时的表达式用于估算残余应力是十分粗糙的，此处利用文献[4]中的数据进行对比，通过公式得到的残余应力值为−1.14 GPa，而实测值却只有−400 MPa，因此对于估算公式的修正将是残余应力估算极其重要的一环。

由弹性力学原理可知，当材料受到相同外力作用时，弹性模量越大，弹塑性变形就越小。因此，当 x 方向受到一定的冲击波压力时，如果材料的弹性模量 E 大，则形变体周边材料越接近于刚体，那么形变体 y，z 方向上产生的残余应力相应就越大，因此有$\sigma_x \propto E$。同时，结合冲击动力学原理，当材料的冲击形变深度相同时，材料本身的弹性模量大，屈服极限高，冲击波对材料产生残余应力的影响大，即残余应力的衰减慢，因此有 $\sigma_x \propto e^{-bx/E}$。最终得到修正后的公式如下：

$$\begin{cases} \sigma_x = EkP_{\max}e^{-bx/E} \\ \sigma_y = \dfrac{E\nu}{\nu-1}kP_{\max}e^{-bx/E} \end{cases} \tag{5-25}$$

根据相关试验数据，采用最小二乘法可拟合求得 k，b 的值，此时该激光冲击残余应力估算公式具有一般适用性。

3. 实验验证

激光冲击强化实验所用材料为 40Cr 和 45# 钢，弹性模量分别为 211 GPa 和 201 GPa，泊松比分别为 0.277 和 0.293。实验所用激光冲击参数：光斑直径均为 7 mm，脉冲时间均为 23 ns，涂层吸收率 A 均为 0.8，等离子体密度 ρ 均为 1 500 kg/m^3，激光功率密度q_0分别为 2.35 GW/cm^2 和 2.03 GW/cm^2。根据式(5-24)，可计算得到它们的冲击峰值压力分别为2.3 GPa和 2.1 GPa。40Cr 和 45# 钢利用估算公式所得的残余应力计算值与实测值对比图如图 5-7、图 5-8 所示。由图中可以看出，修正后的估算公式准确性较高，适用性较好。

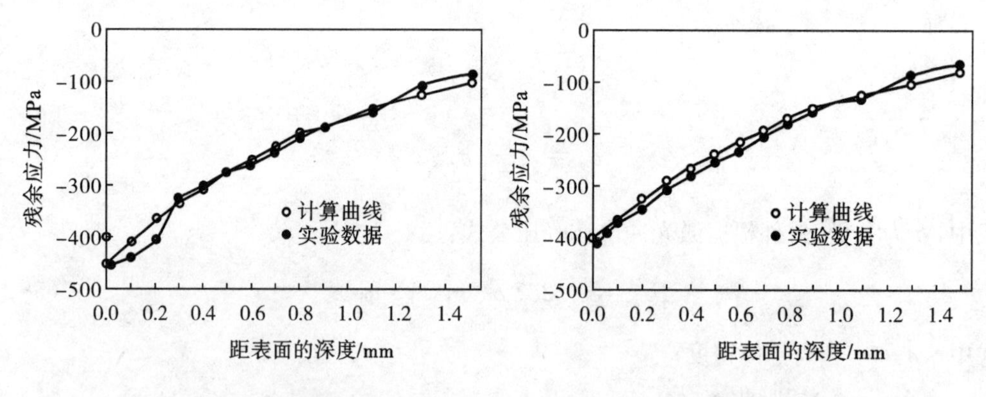

图 5-7　40Cr 钢的残余应力计算值和实测值的对比图

图 5-8　45# 钢的残余应力计算值和实测值的对比图

5.1.3　数值计算方法

1. 有限元法的基本思路

正如 5.1.1 节所提到的，在弹塑性力学中，只有少数简单问题能够求得解析解，对于一般的复杂问题，只能通过数值解法进行求解，有限元法是数值解法中十分重要的一种方法，其处理问题的基本思路可以归纳为如下几点：

(1) 对连续体进行离散化，即把一个连续体变换成一个离散的结构物，离散结构物是由有限多个、有限大小、形状简单的构件在有限多个点相互联系而组成，如图 5-9 所示。这些有限大小、形状简单的构件称为有限单元(图 5-9 中的三角形)。单元与单元之间相互联系的点称为节点(图 5-9 中的三角形顶点)。并且，连续体的复杂边界也随之变换成由各单元的简单边界所组成。这样一个离散结构物，是真实的连续体的一个近似力学模型，而整个的数值计算就是在这个模型上进行的。

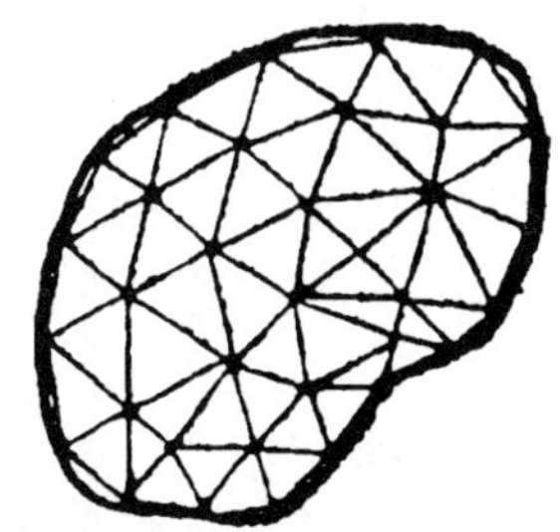

图 5-9 连续体的离散化

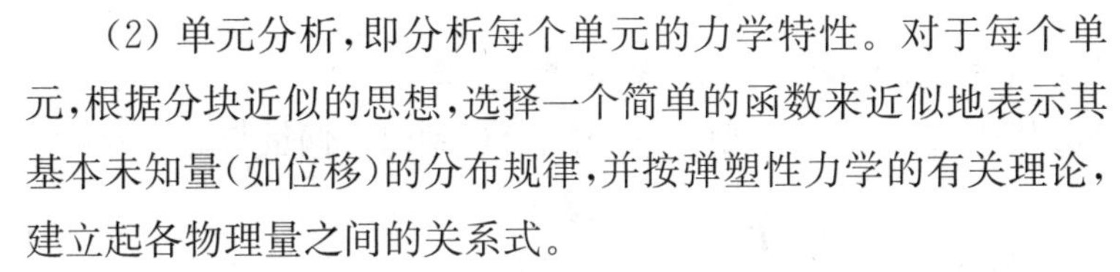

(2) 单元分析，即分析每个单元的力学特性。对于每个单元，根据分块近似的思想，选择一个简单的函数来近似地表示其基本未知量(如位移)的分布规律，并按弹塑性力学的有关理论，建立起各物理量之间的关系式。

(3) 整体分析，即对单元分析结果加以综合，以寻求整个离散结构物的分析结果。显然，如果将每个单元比喻为建筑物中的砖瓦，那么将这些砖瓦装配在一起就能提供整个结构的力学特性。

综上所述，用有限元法处理问题的基本思想就是先把连续体分割成有限个简单的单元进行研究，然后再把这些单元的研究结果加以综合，在“一分一合”的过程中，把复杂的连续体计算问题转化为简单构件的分析与综合问题。

为介绍残余应力的数值计算，本小节以涡轮盘热弹塑问题[5]为例进行详细说明，在增量-变刚度法的基础上，应用有限元方法进行求解。

首先，在 von Mises 屈服准则的基础上推导出弹塑性阶段的应力-应变关系。对于轴对称问题，设全应力列阵为

$$\boldsymbol{\sigma}=[\sigma_R \quad \sigma_\theta \quad \sigma_Z \quad \sqrt{2}\,\tau_{ZR}]^{\mathrm{T}} \tag{5-26}$$

全应变列阵为

$$\boldsymbol{\varepsilon}=[\varepsilon_R \quad \varepsilon_\theta \quad \varepsilon_Z \quad \gamma_{ZR}]^{\mathrm{T}} \tag{5-27}$$

在弹性范围内有

$$\boldsymbol{\sigma}=\boldsymbol{D\varepsilon} \tag{5-28}$$

其中，$\boldsymbol{D}$ 为弹性矩阵。

$$\boldsymbol{D}=\frac{E(1-\mu)}{(1+\mu)(1-2\mu)}\begin{bmatrix} 1 & & \text{对} & \\ \frac{\mu}{1-\mu} & 1 & & \text{称} \\ \frac{\mu}{1-\mu} & \frac{\mu}{1-\mu} & 1 & \\ 0 & 0 & 0 & \frac{1-2\mu}{1-\mu} \end{bmatrix} \tag{5-29}$$

在讨论塑性问题时，将 $\boldsymbol{\sigma}$, $\boldsymbol{\varepsilon}$ 分解为两部分，如下式所列：

$$\boldsymbol{\sigma} = \boldsymbol{\sigma}_D + \boldsymbol{\sigma}_{\mathrm{H}} \tag{5-30}$$

$$\boldsymbol{\varepsilon} = \boldsymbol{\varepsilon}_D + \boldsymbol{\varepsilon}_{\mathrm{H}} \tag{5-31}$$

式中，$\boldsymbol{\sigma}_{\mathrm{H}}$ 和 $\boldsymbol{\varepsilon}_{\mathrm{H}}$ 为静水分量，即

$$\boldsymbol{\sigma}_{\mathrm{H}} = \frac{1}{3} I_1 \boldsymbol{e}_3 = \frac{1}{3} \boldsymbol{e}_3 \boldsymbol{e}_3^{\mathrm{T}} \boldsymbol{\sigma} \tag{5-32}$$

$$\boldsymbol{\varepsilon}_{\mathrm{H}} = \frac{1}{3} J_1 \boldsymbol{e}_3 = \frac{1}{3} \boldsymbol{e}_3 \boldsymbol{e}_3^{\mathrm{T}} \boldsymbol{\varepsilon} \tag{5-33}$$

式中，$\boldsymbol{e}_3 = [1 \quad 1 \quad 1 \quad 0]^{\mathrm{T}}$, $I_1 = \sigma_R + \sigma_\theta + \sigma_Z$, $J_1 = \varepsilon_R + \varepsilon_\theta + \varepsilon_Z$。

将式(5-32)与式(5-33)代入式(5-30)与式(5-31)中，可得到应力偏量与应变偏量：

$$\boldsymbol{\sigma}_D = \boldsymbol{\mu}_D \boldsymbol{\sigma} \tag{5-34}$$

$$\boldsymbol{\varepsilon}_D = \boldsymbol{\mu}_D \boldsymbol{\varepsilon} \tag{5-35}$$

式中，$\boldsymbol{\mu}_D = \boldsymbol{I}_4 - \frac{1}{3} \boldsymbol{e}_3 \boldsymbol{e}_3^{\mathrm{T}}$，而 $\boldsymbol{I}_4$ 为 4×4 的单位阵。

在塑性理论中，von Mises 屈服准则是

$$f(\boldsymbol{\sigma}) = \frac{3}{2} \boldsymbol{\sigma}_D^{\mathrm{T}} \boldsymbol{\sigma}_D - \bar{\sigma}^2 = 0 \tag{5-36}$$

式中，$\bar{\sigma}$ 是等效应力，它等于简单轴向拉伸的屈服应力，当 $\bar{\sigma}$ 达到屈服极限时，塑性变形就开始发生。

而等效塑性应变是

$$\bar{\varepsilon}_p^2 = \frac{2}{3} \boldsymbol{\varepsilon}_p^{\mathrm{T}} \boldsymbol{\varepsilon}_p \tag{5-37}$$

式中，$\boldsymbol{\varepsilon}_p$ 为塑性应变。

根据塑性理论的流动定律，塑性应变可写成

$$\Delta \boldsymbol{\varepsilon}_p = \lambda \frac{\partial f}{\partial \boldsymbol{\sigma}_D} \tag{5-38}$$

式中，λ 为比例常数。将式(5-36)代入式(5-38)，得

$$\Delta \boldsymbol{\varepsilon}_p = 3\lambda \boldsymbol{\sigma}_D \tag{5-39}$$

由式(5-37)有

$$\Delta \bar{\varepsilon}_p^2 = \frac{2}{3} (\Delta \boldsymbol{\varepsilon}_p^{\mathrm{T}})(\Delta \boldsymbol{\varepsilon}_p) \tag{5-40}$$

以式(5-39)代入,并利用式(5-36),可得

$$\Delta \bar{\varepsilon}_p = 2\lambda \bar{\sigma} \tag{5-41}$$

由此得

$$\lambda = \frac{1}{2} \frac{\Delta \bar{\varepsilon}_p}{\bar{\sigma}} \tag{5-42}$$

利用式(5-42),将式(5-39)改写为

$$\Delta \boldsymbol{\varepsilon}_p = \frac{3}{2} \frac{\Delta \bar{\varepsilon}_p}{\bar{\sigma}} \boldsymbol{\sigma}_D \tag{5-43}$$

利用简单轴向拉伸试验得到的应力-塑性应变关系,可得斜率公式

$$\xi = \frac{\mathrm{d}\sigma_\mathrm{u}}{\mathrm{d}\varepsilon_\mathrm{u}} = \frac{\mathrm{d}\bar{\sigma}}{\mathrm{d}\bar{\varepsilon}_p} = \frac{\Delta \bar{\sigma}}{\Delta \bar{\varepsilon}_p} \tag{5-44}$$

式中,下标 u 表示单轴拉伸。

将式(5-44)代入式(5-43),可得

$$\Delta \boldsymbol{\varepsilon}_p = \frac{3}{2} \frac{1}{\xi} \frac{\Delta \bar{\sigma}}{\bar{\sigma}} \boldsymbol{\sigma}_D \tag{5-45}$$

将式(5-36)写成增量形式:

$$\bar{\sigma} \cdot \Delta \bar{\sigma} = \frac{3}{2} \boldsymbol{\sigma}^\mathrm{T} \boldsymbol{\mu}_D \Delta \boldsymbol{\sigma} \tag{5-46}$$

即

$$\Delta \bar{\sigma} = \frac{3}{2} \frac{1}{\bar{\sigma}} \boldsymbol{\sigma}_D^\mathrm{T} \Delta \boldsymbol{\sigma} \tag{5-47}$$

由式(5-45),得

$$\Delta \boldsymbol{\varepsilon}_p = \frac{1}{\xi} \left(\frac{3}{2} \frac{1}{\bar{\sigma}} \boldsymbol{\sigma}_D \right) \left(\frac{3}{2} \frac{1}{\bar{\sigma}} \boldsymbol{\sigma}_D^\mathrm{T} \right) \Delta \boldsymbol{\sigma} \tag{5-48}$$

记 $\boldsymbol{s} = \frac{3}{2} \frac{1}{\bar{\sigma}} \boldsymbol{\sigma}_D$,则有

$$\Delta \boldsymbol{\varepsilon}_p = \frac{1}{\xi} \boldsymbol{s} \boldsymbol{s}^\mathrm{T} \Delta \boldsymbol{\sigma} \tag{5-49}$$

式(5-49)就是弹塑性阶段内应力-塑性应变的增量关系。

若以 $\Delta \boldsymbol{\varepsilon}_e$ 表示弹性应变的增量,则有

$$\Delta \boldsymbol{\varepsilon}_e = \boldsymbol{D}^{-1} \Delta \boldsymbol{\sigma} \tag{5-50}$$

全应变增量为弹性应变增量与塑性应变增量的组合,即

$$\Delta\boldsymbol{\varepsilon} = \Delta\boldsymbol{\varepsilon}_e + \Delta\boldsymbol{\varepsilon}_p = \boldsymbol{D}^{-1}\Delta\boldsymbol{\sigma} + \frac{1}{\xi}\boldsymbol{s}\boldsymbol{s}^{\mathrm{T}}\Delta\boldsymbol{\sigma} \tag{5-51}$$

对式(5-51)求逆,可得

$$\Delta\boldsymbol{\sigma} = \left(\boldsymbol{I}_4 - \frac{\boldsymbol{D}\boldsymbol{s}\boldsymbol{s}^{\mathrm{T}}}{\xi + \boldsymbol{s}^{\mathrm{T}}\boldsymbol{D}\boldsymbol{s}}\right)\boldsymbol{D}\Delta\boldsymbol{\varepsilon} = \boldsymbol{F}\Delta\boldsymbol{\varepsilon} \tag{5-52}$$

式中,$\boldsymbol{F}$ 可视为材料的弹塑性矩阵,在弹塑性阶段 $\boldsymbol{F}$ 取代了 $\boldsymbol{D}$,显然,对于理想塑性材料,取 $\xi = 0$。

从屈服准则式(5-36)中可导出轴对称问题的等效应力公式:

$$\bar{\sigma} = \sqrt{\sigma_R^2 + \sigma_\theta^2 + \sigma_Z^2 - \sigma_R\sigma_\theta - \sigma_\theta\sigma_Z - \sigma_Z\sigma_R + 3\tau_{ZR}^2} \tag{5-53}$$

由于弹塑性阶段无法像弹性情况那样建立最终应力状态和最终应变状态的全量关系,而只能建立反映依赖加载路径和加载方式的应力-应变之间的增量关系,也就是说结构开始进入屈服时,载荷增量是按小的增量步一步一步往上加,例如设 $\boldsymbol{R}$ 为结构开始进入塑性时对应的载荷,增量步可取为 $0.05\boldsymbol{R} \sim 0.1\boldsymbol{R}$,每增加一次载荷就会引起位移、应变及应力的相应变化。分别记位移、应变及应力增量为 $\Delta\boldsymbol{\delta}$, $\Delta\boldsymbol{\varepsilon}$, $\Delta\boldsymbol{\sigma}$,只要增加的载荷适当小,则应力增量和应变增量之间的关系可表示为

$$\Delta\boldsymbol{\sigma} = \boldsymbol{F}\Delta\boldsymbol{\varepsilon} \tag{5-54}$$

式中,$\boldsymbol{F}$ 不包含有应力和应变的增量,而仅与加载前的应力水平有关,即成了一个线性式子。

增量形式的平衡方程为

$$\boldsymbol{F}\Delta\boldsymbol{\delta} = \Delta\boldsymbol{R} \tag{5-55}$$

式中,$\Delta\boldsymbol{R}$ 是载荷增量。对每次加载刚度矩阵都发生变化,该方法就称为增量——变刚度法。

接着,需要构建结构的刚度矩阵,对于弹性状态的单元而言,其刚度矩阵为

$$\boldsymbol{K}^e = \int_e \boldsymbol{B}^{\mathrm{T}}\boldsymbol{D}\boldsymbol{B}\,\mathrm{d}v \tag{5-56}$$

对于塑性状态的单元,其刚度矩阵为

$$\boldsymbol{K}^e = \int_e \boldsymbol{B}^{\mathrm{T}}\boldsymbol{F}\boldsymbol{B}\,\mathrm{d}v \tag{5-57}$$

对于与塑性单元邻近,在增量加载前处于弹性状态,但在加载后将进入屈服的“过渡区域”中的单元,采用加权平均的方法,即取它们的刚度矩阵为

$$\boldsymbol{K}^e = \int_e \boldsymbol{B}^{\mathrm{T}}\,\overline{\boldsymbol{D}_{\mathrm{ep}}}\boldsymbol{B}\,\mathrm{d}v \tag{5-58}$$

式中，$\overline{\boldsymbol{D}_{\text{ep}}}=m\boldsymbol{D}+(1-m)\boldsymbol{F}$，为加权平均弹塑性矩阵，而加权因子为

$$m=\frac{\sigma_{\text{s}}-\bar{\sigma}}{\Delta\bar{\sigma}} \tag{5-59}$$

式中　σ_{s}——屈服极限；

$\bar{\sigma}$——加载前达到的等效应力水平；

$\Delta\bar{\sigma}$——加载后估计可能得到的等效应力增量。

对 $\Delta\bar{\sigma}$ 的估计，一次不能精确，需要一个迭代的过程。一般，第一次估计时，把过渡区域的单元作弹性处理，再利用计算结果修正 $\Delta\bar{\sigma}$ 和 m，通常 2～3 次迭代后就能得到较为精确的 m 值。

航空发动机的工作处于地—空—地的循环之中，若结构进入塑性，则卸载后结构内将产生残余变形及残余应力。设卸载前的位移、应力分别为 $\boldsymbol{\delta}_p$ 和 $\boldsymbol{\sigma}_p$，它们是加载过程计算得到的，在此基础上卸载就可以求出残余应变和残余应力，由于卸载时，结构呈弹性特性，故一般可一次求解

$$\boldsymbol{K\delta}=-\boldsymbol{R} \tag{5-60}$$

式中，$\boldsymbol{R}$ 是加载过程中所施加的全部载荷。从式(5-60)求得卸载产生的位移 $\boldsymbol{\delta}_e$、应变 $\boldsymbol{\varepsilon}_e$ 和应力 $\boldsymbol{\sigma}_e$ 后，残余位移、残余应变和残余应力为

$$\begin{aligned}\boldsymbol{\delta}_d&=\boldsymbol{\delta}_p+\boldsymbol{\delta}_e\\ \boldsymbol{\varepsilon}_d&=\boldsymbol{\varepsilon}_p+\boldsymbol{\varepsilon}_e\\ \boldsymbol{\sigma}_d&=\boldsymbol{\sigma}_p+\boldsymbol{\sigma}_e\end{aligned} \tag{5-61}$$

2. 有限元求解的具体步骤

归纳起来，整个有限元求解过程可分为以下几个步骤：

(1) 对结构施加全部载荷 $\boldsymbol{R}$，作纯弹性计算。

(2) 求出各单元的等效应力，并记其最大值为 $\bar{\sigma}_{\max}$，令 $W=\sigma_{\text{s}}/\bar{\sigma}_{\max}$，再用 $W\boldsymbol{R}$ 作弹性计算，所得应变、应力等均为初始屈服时的值，然后以 $\Delta\boldsymbol{R}=\frac{1}{n}(1-W)\boldsymbol{R}$ 作为每一步加载的载荷增量，进行逐步加载，n 为加载步数。

(3) 施加载荷增量 $\Delta\boldsymbol{R}$，先置 $m=0$，解 $\boldsymbol{K}\Delta\boldsymbol{\delta}=\Delta\boldsymbol{R}$，估计各单元可能引起的等效应力增量 $\Delta\bar{\sigma}$，并由式(5-59)求解 m 值。

(4) 对每一个单元按落在弹性区、塑性区或过渡区域的不同情况，分别形成单元刚度矩阵。

(5) 叠加元素刚度矩阵为总刚度矩阵，并求出位移增量、应变增量及等效应力增量，据此修改 $\Delta\bar{\sigma}$ 和 m。

(6) 重复步骤(4)和(5)2～3 次。

(7) 计算位移和应力增量,并把它们叠加到这一步加载前的水平上去。

(8) 重复步骤(3)—(7),直到载荷全部加完为止。

(9) 作卸载计算,求出最终的残余位移、残余应变以及残余应力。

5.2 残余应力的数值仿真

由 5.1.3 节可以知道,残余应力的数值计算相对来说是一个十分烦琐的过程,但是随着大型有限元软件的不断发展,这一情况得到了极大的改善,通过数值仿真来求解各类残余应力问题也已成为一种主流趋势。下面将通过两个具体的案例来介绍残余应力的数值仿真,同时简单讲解围绕仿真过程的二次开发,以提高模拟效率。

5.2.1 喷丸强化残余应力模拟

喷丸强化前面章节已有详细介绍,本节主要介绍喷丸强化残余应力模拟,其中涉及的材料为 Ti_2AlNb,涉及的模拟软件为 ABAQUS[6]。

1985 年,Meguid 等[7]首次使用有限元法(FEM)模拟求解喷丸残余应力场,将复杂喷丸过程简化成平面应变条件下的光滑刚性冲头压入有界弹塑性固体材料的有限元分析。喷丸强化过程主要包括以下两个部分:

(1) 接触和撞击过程。在此过程中,丸粒通过喷头加速,冲击至目标材料表面,在材料表层产生了永久塑性变形和一定的弹性变形。

(2) 材料自平衡过程。在此过程中,弹坑塑性变形区周围的弹性变形部分发生回弹,使得材料表层内部发生挤压,产生残余压应力。

因此在使用 ABAQUS 软件对喷丸强化进行模拟的过程中,也将强化过程分为上述两个部分。同时提出三个假设[8-10]:所有弹丸均为完整球体,具有相同的尺寸和物理性质;单个弹丸只撞击靶材一次;忽略多弹丸间的相互接触与轨迹干涉。丸粒的接触撞击是一个高应变率的瞬时过程,故采用 ABAQUS/Explicit 显示时间积分算法来进行数值模拟;而冲击结束后材料的自平衡过程,则采用 ABAQUS/Standard 隐式算法模拟。由于接触撞击模型具有对称性,建模时采用 1/2 对称模型,满足模拟要求的同时可以提高软件的计算效率。表面覆盖率定义为喷丸后材料表面总弹坑面积与材料表层面积的比值,是喷丸加工工艺主要参数之一。

由于实际加工过程中,喷丸表面覆盖率为 200%。为了模拟 200%的覆盖率,采用了八层弹丸叠加的 1/2 模型,如图 5-10 所示。模型中弹丸直径取 0.36 mm,以对应实际加工喷丸所使用的 AGB35 玻璃丸的几何参数,定义 Ti_2AlNb 金属间化合物靶材的半径(2.16 mm)为 6 倍弹丸直径,厚度(2.88 mm)为 8 倍弹丸直径。在网格划分中,因喷丸强化的变形原理，弹丸撞击靶材所产生的塑性变形主要集中于材料表层，故而细化了靶材表层及被撞击中心部位的网格（图 5-10 放大区域），设定的最小单元网格大小为 0.01 mm。模型中使用 C3D8R 八节点六面体减缩积分单元，经过划分后，整体模型单元个数为159 432个。设置靶材剖面与半球剖面的界面属性为对称边界条件，靶材底面的界面属性为位移边界条件（z 向位移为 0），靶材上表面的界面属性为自由表面。在喷丸加工的过程中，主要作用方式为弹丸与材料表面发生碰撞引入永久塑性变形。选择靶材和弹丸的材料参数见表 5-1，弹丸初始入射速度设置为 50 m/s。

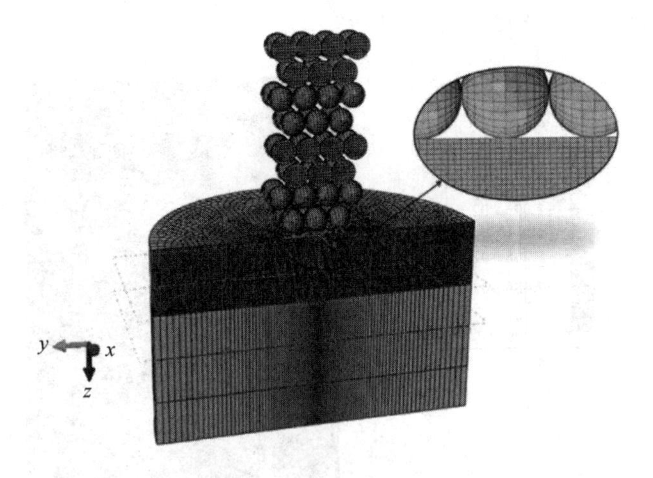

图 5-10　喷丸强化有限元模型

表 5-1　材料的力学参数

材料	密度 ρ/(g·cm^{-3})	杨氏模量 E/GPa	泊松比 ν	屈服强度 /MPa
Ti_2AlNb	5.3	120.2	0.33	775
玻璃丸	8.9	46.2	0.245	

为了验证数值模拟所得到的残余应力及相关结果的准确性，进行了相同工况室温下的喷丸强化试验研究，并采用逐层钻孔法进行残余应力的测定，得到了图 2-40 所示的残余应力模拟值和实测值的对比图。图中，虚线为喷丸数值仿真结果，实线为钻孔法实验测试结果，说明实际加工和撞击仿真的喷丸强化过程均在靶材表面引入了残余压应力，并且随着距表面深度的增加，残余压应力值急剧下降，在转变为残余拉应力后缓慢趋于平衡，残余应力值最终趋近于 0。这是由于在丸粒和靶材的接触撞击过程中，由于工艺本身以及材料性能的限制，喷射出的弹丸不能整个嵌入到靶材的表层中，所引起的塑性变形深度会受到弹丸尺寸的影响[11]。因此限制了喷丸工艺引入残余压应力层的深度，造成引入塑性变形的区域也十分有限。随着深度的增加，塑性变形迅速消减，残余压应力的数值也随之迅速衰减，软件模拟很好地体现了这一点。同时观察数值仿真和钻孔法实验

得到的残余应力场分布变化趋势，可以发现二者呈现出较好的一致性，在某种程度上证明了利用数值仿真计算喷丸强化残余应力的准确性。

数值模拟所得的 Ti_2AlNb 喷丸强化后材料表面塑性应变(PE)分布情况如图 5-11 所示。根据模拟结果可以看出，在靶材表面塑性变形分布均匀度不高，存在峰值，并且在此变形平面内，塑性应变值相差较大。塑性应变随深度变化的结果如图 5-12 所示，喷丸所产生的塑性变形消减十分迅速。在材料表层下 80 μm 处，塑性变形接近 0；在深度达到 100 μm 之后，材料内部不再有塑性变形。由此可以看出，通过数值仿真技术，可以更加深入、直观地感受特征量的变化情况。

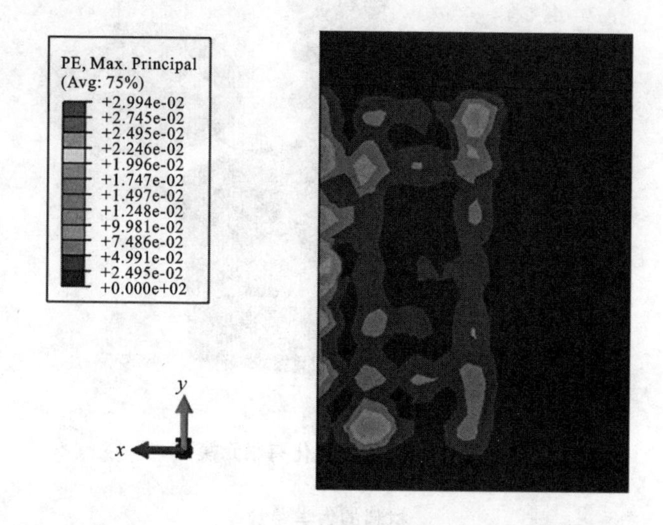

图 5-11　喷丸强化后表面塑性应变分布的模拟结果

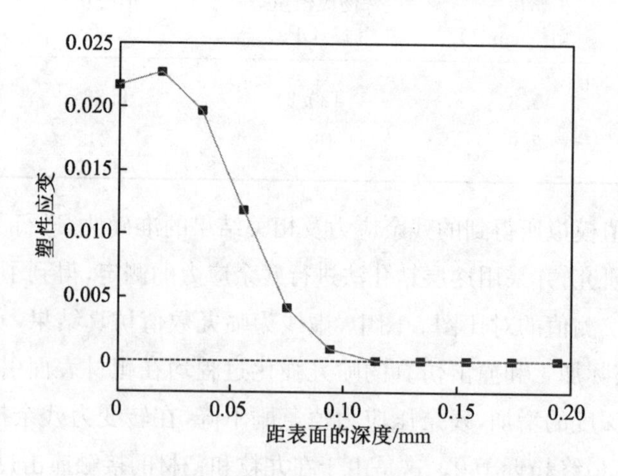

图 5-12　喷丸强化后塑性应变随深度分布的模拟结果

用于表征残余压应力场的四个特征参数分别是[12]：材料表面残余压应力 σ_{srs}、内部最大残余压应力 σ_{mrs}、测试点距表层距离 δ_m、总残余压应力场深度 δ_0。由于钻孔法是一种微损检测方式，无法直接测得材料表面的残余压应力，故而仅能比较其余三个参数。表

5-2列举了通过实验和数值模拟获得的残余应力场特征参数，可以发现最大残余压应力值的误差分别为5.6%和7.4%，相对的总残余压应力层深度误差分别为5.4%和7.8%，满足工程可用的误差要求，由此进一步证明了利用数值仿真计算喷丸强化残余应力的准确性。

表5-2　实验与模拟的残余应力场参数对比

方法	方向	σ_{srs}/MPa	σ_{mrs}/MPa	δ_m/μm	δ_0/μm
钻孔法	x		−269	40	105
	y		−358	40	117
数值仿真	x	−172	−285	40	111
	y	−303	−387	60	127

5.2.2 激光冲击强化残余应力模拟

对于本小节介绍的激光冲击强化残余应力模拟，其中所涉及的材料为TC4钛合金，模拟软件依旧为ABAQUS[8]。早在1999年，美国学者William Braisted和Robert Brockman就首次使用ABAQUS软件模拟分析激光冲击，并将模拟结果和实验结果进行比较，验证了激光冲击数值模拟的可行性。激光冲击强化的过程包括两部分：第一部分为激光冲击的过程，在这个过程中，激光诱导冲击波形成，从而使材料表层产生永久塑性变形；第二部分为材料的自平衡过程，塑性变形会使材料表面产生残余压应力。利用ABAQUS软件对激光冲击强化进行模拟时，也将强化过程分成了两部分。同时由于激光冲击过程是一个高应变率的瞬时过程，其应变率可以达到10^6以上[13]，因此与5.2.1节中的喷丸模拟类似，同样采用ABAQUS/Explicit显式算法进行冲击模拟，ABAQUS/Standard隐式算法用于材料的自平衡过程模拟。

K. Ding和L. Ye在2006年进行三维激光喷丸仿真模拟研究时，提出了一种有限元-无限元混合的激光冲击强化1/4靶材模型。参照其方法，建立了如图5-13所示的TC4钛合金的激光冲击强化模型。为了提高计算效率，有限元模型为靶材的1/4，其尺寸为5 mm×5 mm×3 mm，并在对称面上设置对称边界条件。材料表面为自由表面，因此在上表面不设置边界条件。在材料的其他面上，用无限元网格包围有限元网格，二者的边界上用tie功能

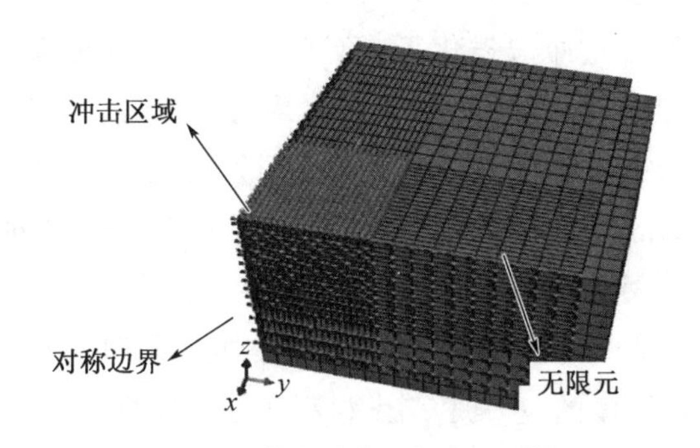

图5-13　激光冲击强化有限元模型

连接。无限元网格能吸收应力波，从而防止应力波在边界上反弹，引起材料内部应力场紊乱。全部模型包含了 26 025 个节点、21 580 个 C3D8R 有限元网格以及 880 个 CIN3D8 无限元网格。

Fabbro 等对激光冲击强化过程中的压力变化进行了一系列实验和理论推导，提出了靶材表面压力随时间变化的高斯曲线。此处在其研究结果的基础上，将压力-时间曲线简化为如图 5-14 所示的线性形式。图中 t_0 表示脉宽，P 表示峰值压力。模拟中，取脉宽为 30 ns，峰值压力为 3 500 GPa。激光冲击强化过程中，较高的应变率会引起材料的力学性能变化，因此用静态的力学本构方程来描述材料的物理属性是远远不够的。这里采用 Johnson-Cook 模型，它是一种常用的动态强化模型，能反映出材料在高应变率下的力学性能变化。TC4 的基本材料参数为：杨氏模量 $E = 115$ GPa，密度 $\rho = 4.4\ \mathrm{g/cm^3}$，泊松比 $\nu = 0.3$，Johnson-Cook 模型参数 $A = 870$ MPa，$B = 990$ MPa，$C = 0.011$，$m = 1$，$n = 0.25$。

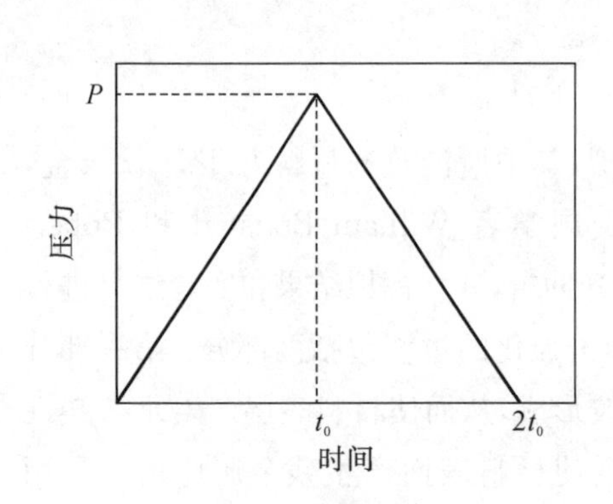

图 5-14　激光冲击强化压力-时间曲线

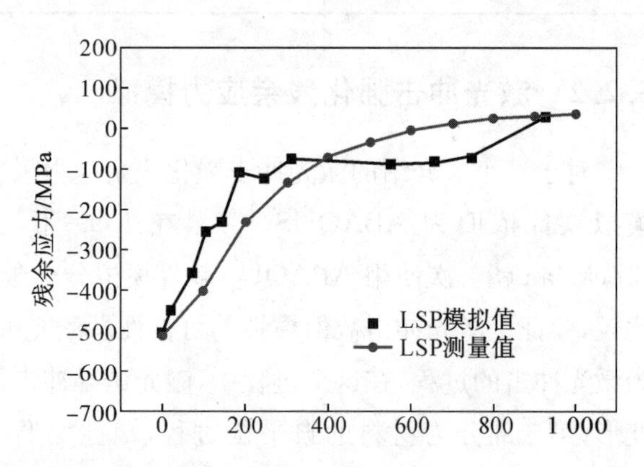

图 5-15　激光冲击强化残余应力模拟值与实验值对比图

为验证数值仿真所得到的激光冲击残余应力值的准确性，有必要对 TC4 钛合金表面进行残余应力测试。X 射线衍射法作为一种较为成熟的材料表面残余应力无损检测技术，已被广泛应用于工程及科学研究中。此处便采用 μ-X360n 型二维面探 X 射线衍射仪，结合电化学腐蚀抛光仪，测定残余应力在材料表层的分布梯度。图 5-15 为实测结果与模拟结果的对比图，观察图片可以发现，在峰值压力为 3 500 MPa、脉宽为 30 ns 的方形光斑激光冲击强化下，TC4 钛合金表面的残余应力模拟值与实测值十分接近，均在 −500 MPa附近。同时，残余应力的变化趋势也基本一致，虽然个别点误差相对较大，但不能完全归因于模拟的问题，因为在残余应力实测环节进行的电化学腐蚀抛光会对残余应力的测定造成一定影响，从而影响到结果的对比。因此，数值仿真所获得的结果依旧有较大参考意义。

激光冲击强化利用高能的激光束瞬时激发出高压的等离子体，从而诱导材料表面产生高强度的应力波，引发材料表层的塑性变形。随着应力波在材料深度方向的传播，材料深度方向上也会产生相应的塑性变形。在实际的试验过程中，一般很难测定每一层深下的塑性应变情况，但通过数值仿真技术，该项目标可以较为轻松地实现，从而有助于提高对激光冲击强化机制的理解。图 5-16 直观展示了激光冲击强化下 TC4 钛合金的塑性应变在距离表面 0 μm 和 120 μm 处的分布情况。

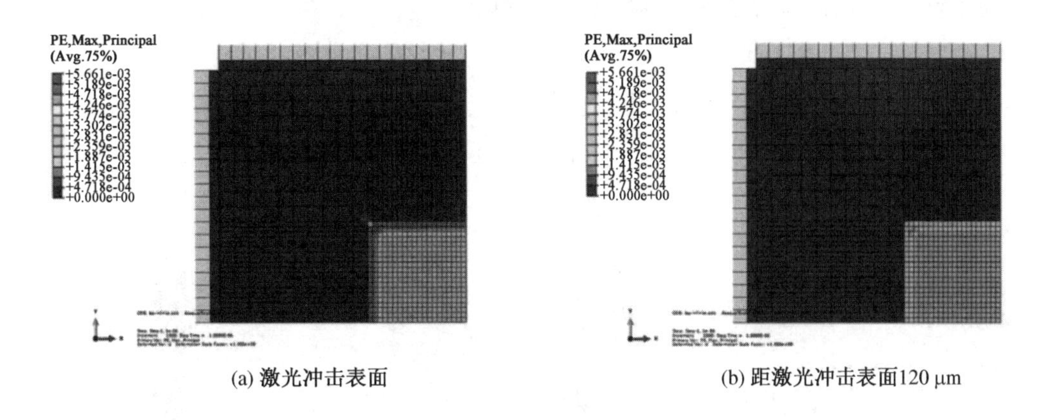

(a) 激光冲击表面　　(b) 距激光冲击表面120 μm

图 5-16　TC4 激光冲击强化模拟得到的塑性应变分布情况

5.2.3　针对残余应力模拟过程的二次开发

在前两小节介绍的残余应力数值仿真技术中，所采用的模拟软件都为 ABAQUS，其实除了 ABAQUS 之外，还有许多已经相当成熟的商用有限元软件，例如：ANSYS、NASTRAN 等，它们也都可以用于残余应力的模拟，网络上有大量文献可供参考，这里不再赘述。不同的软件各有优劣，因此不必纠结绝对的好与坏，只需选择最适合本行业的模拟软件即可，此处依旧以 ABAQUS 为例，简单介绍如何通过二次开发来提高数值仿真的效率。

ABAQUS 为二次开发用户提供了 Python 语言接口，Python 是一种面向对象的脚本语言，它有高级的数据类型和简单有效的面向对象程序设计方法，功能强大，扩展性强，而被广泛应用[14, 15]。ABAQUS 通过集成 Python 脚本向二次开发用户提供了丰富的库函数，可直接操纵 ABAQUS 内核，实现建模、划分网格、指定材料属性、提交作业、后处理分析等功能。使用 Python 编写的包含脚本接口命令的程序可实现如下功能：

(1) 用 Python 脚本定制、修改 ABAQUS 环境文件。

(2) 在 ABAQUS 输入文件中，用 Python 脚本定义关键词 * PARAMETER 项下的数据行。

(3) ABAQUS 的参数化研究需要编写和执行 ABAQUS 脚本文件。

(4) ABAQUS/CAE 在 RPY 文件中用 Python 脚本方式记录操作命令。

(5) 用 Python 脚本自动化创建、重复、修改模型及运行任务分析等。

(6) 用 Python 脚本访问结果数据库等功能。

在上述基础之上还可利用 Python 语言进行 ABAQUS 图形界面程序开发，主要包含 GUI 插件工具(Plug-ins)开发以及自定义 GUI 应用程序开发。通过图形界面程序的开发，可以外化脚本所实现的功能，使其更加直观、清晰，同时还方便交流学习。图 5-17 所示是一个喷丸强化冲击过程模拟的快速建模插件，只需输入对应的几何尺寸、材料参数、网格划分参数等信息，便可快速自动建立图 5-18 所示的模型，极大地缩短了建模时间，避免了重复性操作，确保了建模的稳定性与准确性。

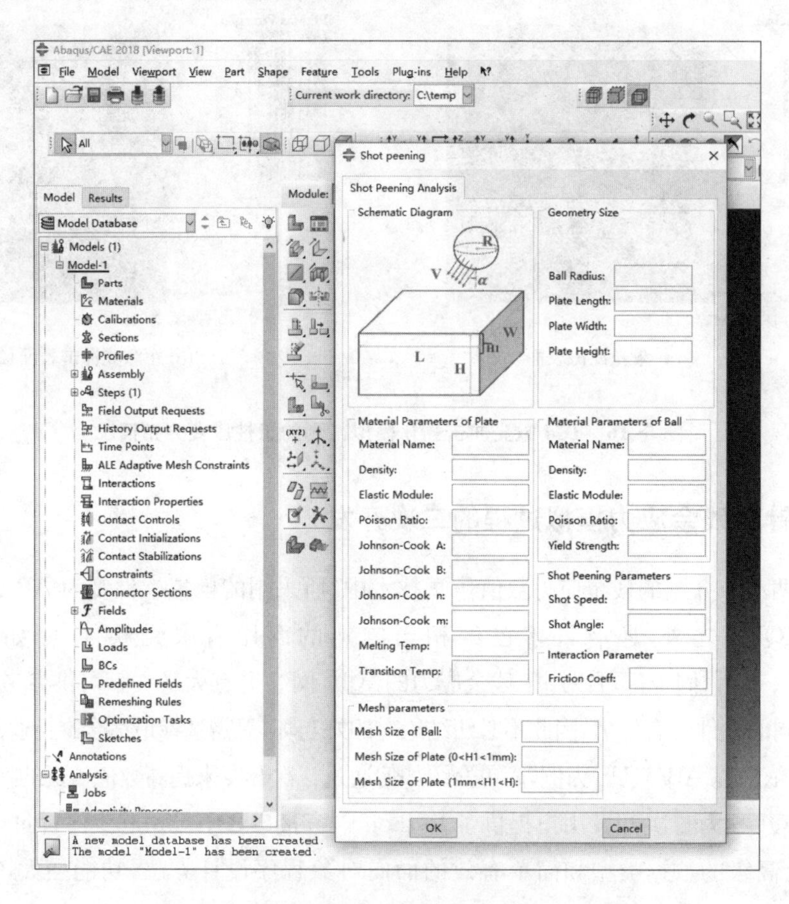

图 5-17　喷丸强化残余应力模拟的快速建模插件

图 5-18　通过 GUI 插件建立的喷丸强化模型

5.2.1 节中提及的材料自平衡过程，它的模拟同样可以使用 GUI 插件来实现，界面如图 5-19 所示，只需输入第一步冲击过程所得到的模拟结果文件名即可，软件会自动完成后续所有操作。

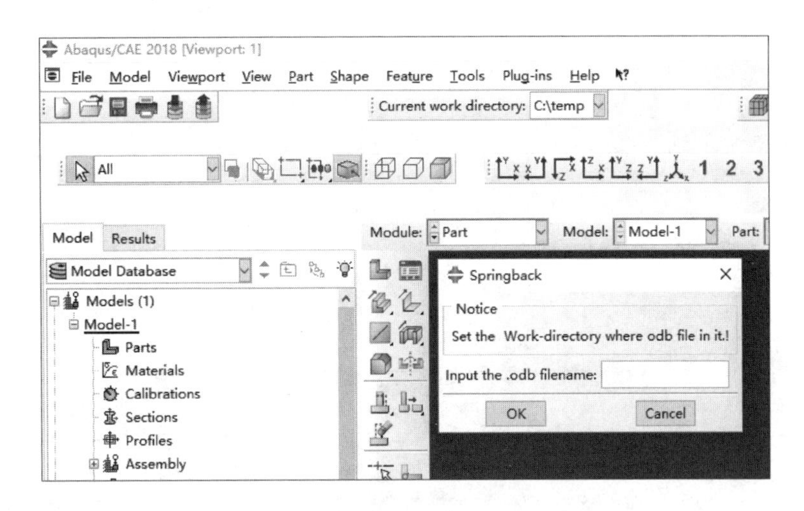

图 5-19 材料自平衡过程的模拟插件

图 5-20 为对应的结果提取插件，通过输入丸粒直径、所需提取的深度，变量类型、变量名便可自动提取 400 条路径，共 20 000 个数据点的结果，以提取残余应力为例，首先输入与冲击模型中一致的丸粒直径，提取深度小于模型中的板厚即可，变量类型为 S，变量名为 S11，表示 x 轴方向的残余应力。将模拟结果导入 MATLAB 中，可绘制出对应的残余应力沿深度变化情况，如图 5-21 所示，同时还可以给出残余应力场的四个特征参数值。

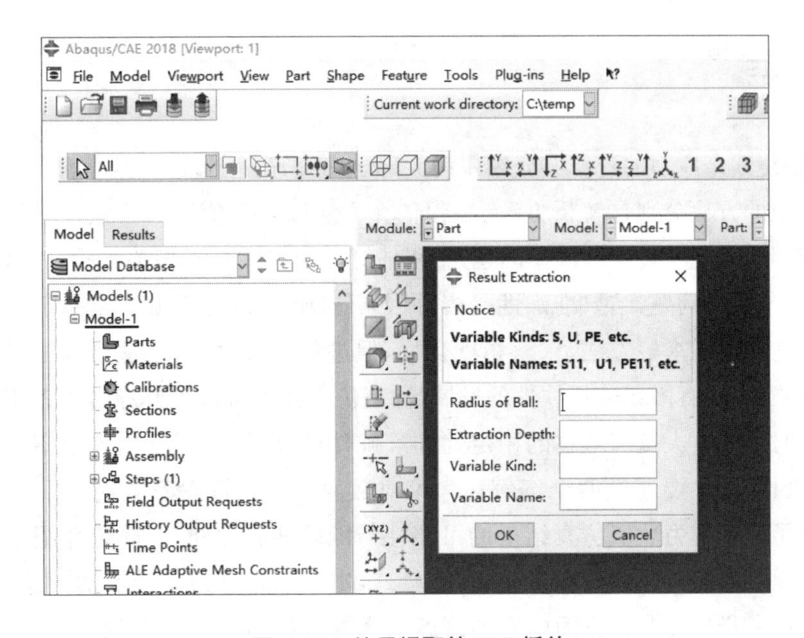

图 5-20 结果提取的 GUI 插件

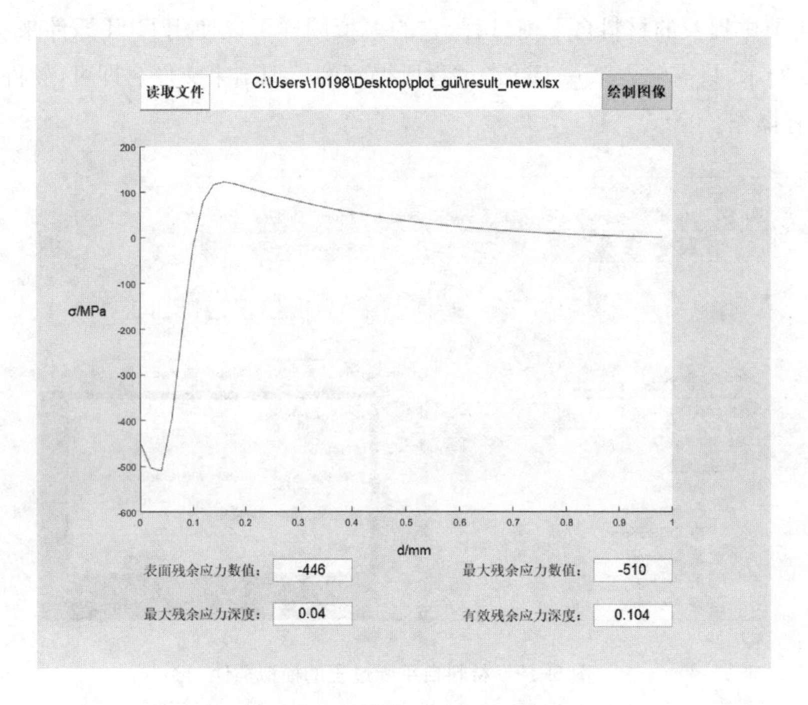

图 5-21　残余应力场的结果输出

数值仿真计算以及相关的二次开发所涉及的内容很多，面很广，本节只进行了简要的介绍，对有限元模拟在残余应力计算中的应用有一个初步的认知。希望通过后续学习，进一步加深对这方面内容的理解与掌握，以达到“利用有限资源，实现无限可能”的目标。

5.3　小结

本章围绕残余应力的计算共介绍了两大部分内容，第一部分内容可以概括为人工计算，其中涉及的方法分别是解析方法、工程估算方法以及数值计算方法。解析方法使用范围十分有限，仅能处理一些简单问题；工程估算方法往往基于相关试验结果，同样只能针对某一种或一类问题，结果准确性受多种因素影响；数值计算方法是基于有限元方法的，有普遍适用性的求解方法，求解精度良好，但过程十分繁复，不适合人工计算。随着计算机的普及以及有限元分析软件的发展，数值仿真技术可以很好地解决人工计算繁复的问题，同时还能大大提高求解的稳定性和准确性，因此第二部分内容介绍了残余应力的数值仿真技术，主要通过两个案例让大家对数值仿真的概念及方法有一个初步的认识，并证明了残余应力数值仿真结果的可靠性与准确性。此外，还简单介绍了更为进阶的二次开发相关内容，该部分内容较新，面较广，本章只是进行了简要的介绍，希望通过后续学习，进一步加深对这方面内容的理解与掌握，以达到“利用有限资源，实现无限可能”的目标。

本 章 习 题

1. 设有如图 5-22 所示的理想弹塑性材料厚壁圆柱筒，内半径为 a，外半径为 b，只受内压力 p 的作用，请按解析方法求解卸载后的残余应力。

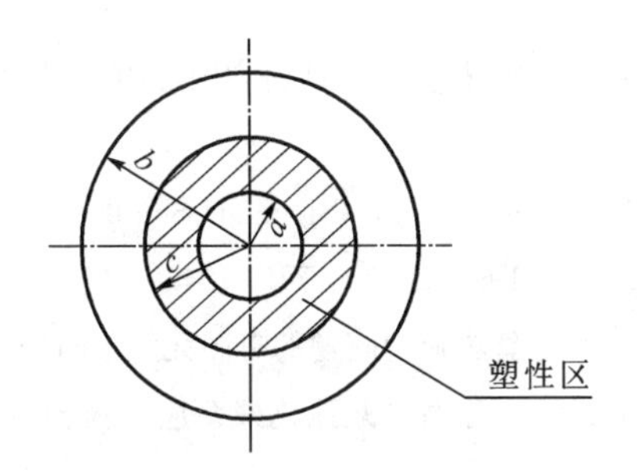

图 5-22 厚壁圆柱筒

2. 概括数值计算方法的基本思路及主要流程。

3. 以 5.2.1 节中的喷丸强化残余应力模拟为例，完成单丸粒的残余应力模拟。

参考文献

[1] 袁发荣,伍尚礼.残余应力测试与计算[M].长沙:湖南大学出版社,1987.

[2] 陈瑞芳,花银群,蔡兰.激光冲击波诱发的钢材料残余应力的估算[J].中国激光,2006(2):278-282.

[3] 郭大浩,吴鸿兴,王声波,等.激光冲击强化机理研究[J].中国科学E辑:技术科学,1999,29(3):222-226.

[4] BRAISTED W, BROCKMAN R. Finite Element Simulation of Laser Shock Peening[J]. International Journal of Fatigue, 1999,21(7):719-724.

[5] 欧阳鬯,冯景艳,孙金文,等.涡轮盘热弹塑问题的有限元解法[J].航空学报,1979(1):61-69.

[6] 陈禹锡,高玉魁. Ti_2AlNb 金属间化合物喷丸强化残余应力模拟分析与疲劳寿命预测[J].表面技术,2019(6):167-172.

[7] MEGUID S A, KLAIR M S. An examination of the relevance of co-indentation studies to incomplete coverage in shot-peening using the finite-element method[J]. Journal of Mechanical Working Technology, 1985, 11(1):87-104.

[8] 蒋聪盈,黄露,王婧辰,等.TC4钛合金激光冲击强化与喷丸强化的残余应力模拟分析[J].表面技术,2016,45(4):5-9.

[9] 盛湘飞,李智,赵科宇,等.相同喷丸强度条件下喷丸强化效果的数值模拟研究[J].表面技术,2018,47(9):42-48.

[10] 陈家伟,廖凯,车兴飞,等.铝合金喷丸应力-变形的仿真分析与实验[J].表面技术,2018,47(11):41-47.

[11] ZHAO C M, GAO Y K, GUO J, et al. Investigation on residual stress induced by shot peening[J]. Journal of materials engineering and performance, 2015,24(3):1340-1346.

[12] GAO Y K, YIN Y F, YAO M. Effects of shot peening on fatigue properties of 0Cr13Ni8Mo2Al steel[J]. Materials science and technology, 2003, 19(3):372-374.

[13] 周建忠,叶云霞.激光加工技术[M].北京:化学工业出版社,2004.

[14] DING K, YE L. Simulation of Multiple Laser Shock Peening of a 35CD4 Steel Alloy[J]. Journal of Materials Processing Technology, 2006, 178(1):162-169.

[15] 张强,马永,李四超.基于Python的ABAQUS二次开发方法与应用[J].舰船电子工程,2011,31(2):131-134.